『陸軍登戸研究所』を撮る

楠山忠之

風塵社

はじめに

まさか劇場公開まで漕ぎつけられる作品になろうとは、夢には描いたが、本気で考えてはいなかった。日本映画学校（二〇一三年、日本映画大学に改組）の学生有志と撮影のスタートを切ったときも、やってみるか、といった軽いのりだった。何しろ「陸軍登戸研究所」の名称は聞いたことがある、という人でも実態を知る人は皆無に近く、私自身も関連書に目を通してみたが、「嘘でしょ」と言いたくなるほど幻の存在にしか思えなかった。

秘密戦、謀略戦の資材とか兵器を、独創的想像力でひねり出せと命じられ、その開発研究に励んでいたというこの研究所（通称「登研(とけん)」）が小田急線の丘陵地帯にあったため、運命的（！）出逢いとなった。私が非常勤講師として十数年間通っていた日本映画学校が新百合ヶ丘駅近くにあり（あった）、登研は戦時中まで向ヶ丘遊園駅と生田駅の間に密かに存在していた。いわば、その近い地元の歴史に興味が傾いただけの話だった。だから軽いのりで踏み出ることができたのだ。

二〇〇六年夏、自主製作を覚悟して撮影を始めたものの、関係者探しに手間どり、撮影プランの立てようがなく、まさに風任せの出航だった。予備知識は私も学生のスタッフも同程度で、取材や撮影を少しずつ積んでいくうちに登研の実像に近寄っていった。今思えば白紙状態の出発がよかったのかもしれない。

戦争を知らない世代を父母に持つ学生たちは、知ったかぶりをせず、あるがままに証言者にインタビューをし、恥をかく場面もあった。彼らは何を知らされていなかったかを知り、あの戦争の時代への好奇心にスイッチが入った。結果、「新鮮な力をもった若者たちの戦争映画」と評価されることとなり、軽いのりから〝駒〟が出た、と胸をなでおろした。

足かけ七年。二〇一二年の年末に完成したドキュメンタリー映画『陸軍登戸研究所』は、この年の『キネマ旬報』文化映画部門第三位を受賞した。それまでの暢気な気分がスッ飛ぶほど驚いて、にわかに全身、ピリッと引き締まった。作品に世間の厳しい目が注がれたのだと思うと、ちょっと欲が出て、劇場公開できないものか、と思い始めた。

しかし、学生たちは既に三年間で日本映画学校を卒業している。手不足、準備不足をどう補ってゆけるか。後半、協力してくれたカメラ仲間の長倉徳生の助けを借りつつ、大急ぎで解説書を作ったが、シナリオ付きパンフレットには間に合わせられなかった。この間、友人の配給会社の協力を得たが……。

二〇一三年夏、東京・渋谷のユーロスペースを皮切りに、都内はじめ全国展開となり、マスメディアに「異例のヒット」とさえ報じられた。観客動員数はドキュメンタリー映画、しかも〝戦争もの〟としては多かった。こうなると、紙メディアにもきちんとした本作品の記録を残さなければと考えるようになり、構想しているうちにシナリオを土台に撮影日誌や関係資料も織り込んだものになった。これもまた、軽いのりからだったが、読み応えのある〝駒〟になれたかどうか、身が引き締まる思いだ。

この国が〝普通〟であれば、ダラダラと「はじめに」を書くことはないが、世が世である。無色無味無臭の「死の灰」に染まりながら、憲法九条を軍事力で「壊憲」しようとする現政権。戦争ができる「戦前」はほぼ構築されようとしている。いつ〝スパイ防止法〟や〝表現への弾圧〟がかかるか、時間は迫っている。

一九四一年一二月八日。敗けを知って突入した太平洋戦争。この日、国内では一七八名が検挙された。スパイ容疑だという。「宮沢・レーン事件」はその一例だ。憲兵や特高（特別高等警察）の監視下にあった「陸軍登戸研究所」は過ぎた歴史にとどまらなかった、ということになってはならないためにも、「登研」の実相を多くの人に知ってもらいたい。カメラの前に立って語ってくれた三六人の証言者の勇気を無駄にしてはなるまいし、私たちは戦争を語り継いでいく役目があるはずだ。

『陸軍登戸研究所』を撮る◎目次

映画『陸軍登戸研究所』スタッフロール

【原案】
日本映画学校「人間研究」

【スタッフ】
監督・編集　楠山忠之

撮影
新井愁一
長倉徳生
鈴木摩耶
楠山忠之

録音　渡辺蕗子
編集技術　長倉徳生
朗読　石原たみ

聞き手
石原たみ
渡辺蕗子
宮永和子
楠山忠之

ナレーション
楠山忠之

ムックリ演奏
宇佐照代（アイヌ料理「ハルコロ」）

ロゴデザイン
北村文孝

絵地図　宮永和子

プロデューサー
楠山忠之

長編ドキュメンタリー映画「陸軍登戸研究所」
アジアディスパッチ
2012年作品
カラー／SD／180分

【出演者】
伴和子
渡辺賢二
山田愿蔵
太田圓次

宮永和子

和田一夫
宮崎廣幸
細川陽一郎

久木田幸穂

大島康弘
川津敬介
川津環
五十嵐信夫

宮木芳郎
河本和子
横山サト子
奥原タミ
金井操

中島光雄
畑敏雄
笠原海平
俵山政市

杉本頼幸
杉本ふく

日台愛子
高野登喜
中田千鶴子
小岩昌子
田沢絜子
井上俊子

伊藤はま
秦聖佑
御園昭雄
斉藤寿男
新田文子

小池汪

【配給】
オリオフィルムズ
(03) 6276―1820

【DVD発売・販売元】
マグザム
(03) 3358―6241

第一章　私の任務は殺人光線の開発

『陸軍登戸研究所』を撮る

二〇〇六（平成一八）年一一月某日、朝から小雨がパラつく。撮影には雨音が効果音になるのでは、と思いつつ、ビデオカメラを持った新井愁一とインタビュー担当の石原たみと共に小田急線生田駅改札出口でひとりの老人を待ち構えていた。「陸軍登戸研究所」の元所員山田愿蔵さん（九二歳）である。

新井と石原は川崎市麻生区にある日本映画学校の一年生。入学してから半年にしかならない。映画技術については学び始めたばかりだ。撮影も取材も未熟な彼らが、果たしてドキュメンタリー映画をつくれるかどうか。心配はあったが、プロデューサー兼監督を担う私は「やり遂げるしかない」と心に決めていた。テーマは「陸軍登戸研究所」だ。

その年の四月、例年どおり一年生の授業は「人間研究」で始まった。日本映画学校の創設者である今村昌平監督が発案したこの授業は、日頃から人間を知り、社会を知らなければ映画はつくれないという人生観、世界観が根底にある。一班が一〇名前後。複数班がそれぞれテーマを考え、足掛け三カ月間に調査、研究し、取材と写真撮影（映画技術は後期に習うので禁じ手だ）で構成、スライド上映とナレーションなどの表現法で学内発表する。学生と講師が視聴者となり、終了後には講評、意見交換を行うというものだ。

テーマは自由。だが近・現代史の一片を切りとり、関係者に会い、生（なま）の証言を記録する。自分たちなりの批評眼が描き出せれば拍手がくる。私も一〇年余り「人間研究」を学生と一緒にやってきた。毎年だから十数本のテーマと取り組んできたことになる。パレスチナ問題にはじまり、カンボジア難民、ベトナム戦争やイラク戦争のフォトジャーナリスト、三菱重工爆破事件、狭山事件、同性愛、障害者、冤罪と拘禁施設、東京湾埋立問題、満州映画協会、中国残留孤児など、私自身が学生気分で動き、学んだ。

二〇〇六年、私は新入生の班に「陸軍登戸研究所」をテーマにしてはどうかと提案、反対する学生はいなかった。聞いたこともない研究所名に学生が関心を抱いたのは、ここが秘密戦、謀略戦の資材開発基地だった点と、戦後は跡地に明治大学生田校舎が建ち、映画学校のある新百合ヶ丘にごく近かったので身近に感じたからである。しかし、この時点で私の知識はたまたま手にした関係書から得たものだけで、「研究所」の跡地に踏みこんだこともなかった。要は、学生の力を集めて調べたかったのが本音かもしれない。

発表成果は上々だった。学長の佐藤忠男も「知らなかった。面白い」と珍しく好評をくれた。他の講師たちからも「研究所の記録映画がないなら学生たちとつくったらどうか」と、無責任な掛け声がかかった。かと言って、学校側が製作費を出そうという話はない。授業の一環としてでもない。要は、勝手につくればという〝応援〟なのだ。

この先が人生の不思議なところで、「映画をつくってみたい人」とさりげなく一年の学生に声をかけてみると、「やりたい」と三人が集まってきた。新井と石原、それに鈴木摩耶。カメラ、録音、インタビュアー。三人いればなんとかなる。いずれ製作資金はプロデューサーの私にかかってくることは覚悟のうえだ。翌年は、入学してきた渡辺蕗子も参加した。蕗子の班は「人間研究」では「風船爆弾」にテーマを絞った研究だった。生田地区に住む宮永和子さんの指導を受け、二週間かけて直径五〇センチの「風船」の試作に挑戦した。しかし、結果は「飛ばない風船」だった。

学生三人は授業やアルバイトのない日、取材相手の都合と私の都合がうまく合う日。一つのアポとりは容易ではないが、未熟な〝撮影クルー〟は夏休みに入ると早速動き出した。山田愿蔵さんを取材する三カ月ほど前である。

殺人光線を開発

定刻どおり山田愿蔵さんが改札口に現れた。杖はついてないが足どりは危うい。この日は「生田キャンパス内」に残る三つの研究棟などを見てまわり、当時の「陸軍登戸研究所」の様子をカメラ前で思い出してもらおうという狙いだ。その案内と解説役を引き受けてくれたのが渡辺賢二さん。私たちは山田さんと初対面だが、渡辺さんはすでに何度か会っている。明治大学文学部非常勤講師

山田愿蔵さん

であり、「陸軍登戸研究所」については長いこと研究し、その全貌にメスを入れてきた。関係資料や元所員の遺品なども集め、のちに開設された「平和教育登戸研究所資料館」（二三七頁）の展示品として寄付している。

互いにあいさつを交わしたあと、「じゃあ、僕は歩いて大学で待っています」と渡辺さんは言い、明大の裏門に通じる駅の出口を出ていった。徒歩一五分。山田さんには酷な道だ。私たちは山田さんとタクシーを拾い、大学の正門前に向かう。後部座席に座った山田さんは久しぶりに訪ねる「研究所」に思いを巡らせているのか、車外に眼をやっては微笑んでいる。

「私たちがね、登戸に来たのは昭和一二（一九三七）年一二月一二日。その時がほんとの、できたばっかり」

「一二つづきですねぇ」

隣に座っている石原が山田さんの言葉に相づちをうつ。

「その前は大久保にいらしたんですか」

天性というか天然というか、一八歳の石原はインタビューの経験はこれからなのに、すんなりと相手の心に入ってゆく。

「そう、昭和一〇年に大久保の陸軍科学研究所に入りましてね。それで昭和一二年に転勤命令が出たんです」

終始、山田さんの口元には微笑みが浮かんでいる。

陸軍科学研究所への昭和天皇の視察風景

当時、「科研」と呼んでいた陸軍科学研究所は、電波兵器の開発をおしすすめるため、この小高い生田丘陵地に「登戸実験場」を設立した。中国大陸で陸軍が暴走し出していた時期だ。前年の一九三六年に二・二六事件が皇道派青年将校らによって起き、粛清となったが、軍部の支配力は強化されてゆく。「実験場」発足の五カ月前の七月七日は盧溝橋事件が発生、日中戦争へと拡大。一二月一三日には南京が攻略された。そして、大虐殺事件へとつながる。

「私の任務は殺人光線の開発」

不覚にも、石原も私も「エッ！」と言いそうになって息を呑んだ。山田さんの研究内容を詳しく知らなかったからだ。しかし、そこには山田さんの変わらない好々爺の表情があった。

平和な街並みが窓外から消えると、高台

にある明治大学生田校舎の正門前に車は止まった。そこには先程駅で別れた渡辺さんがすでに傘をさして待っていた。

山田愿蔵さんの「手記」は、上司であった伴繁雄の著作に収録されている。

私は、昭和一〇年四月一日、二一歳で雇員として陸軍科学研究所に入所した。浜松高等工業学校では伴繁雄氏の後輩にあたる。以降、終戦の日まで一〇年、陸軍の研究所に勤務し新しい電波兵器の研究開発に携わった。その間、陸軍技手（ぎて）、陸軍兵技中尉、陸軍技術少佐へと移り、終戦は宝塚のゴルフ場の中に疎開していた多摩陸軍技術研究所関西出張所で「く」号研究（怪力電波研究）が主任務だった。

（伴繁雄『陸軍登戸研究所の真実』芙蓉書房出版）

「登戸研究所」の源流

［証言　宮崎廣幸］

「登戸実験場」が「陸軍科学研究所登戸出張所」になったのが、一九三九（昭和一四）年九月。陸軍科学研究所は第一から第九陸軍技術研究所に分かれたのが二年後。第九は秘密戦、謀略戦の資材や兵器の研究のため、表だっては存在をかき消されていた。そのため秘匿名として「登戸研究所」と呼んだ。所内でもどんな研究が行われていたかは関係者以外は知らず、セクションごとに秘密厳

上、登戸研究所本部写真（1966年、吉崎一郎氏撮影）
下、皇紀2600年記念2科集合写真（1940年、増子安春氏提供）

守が全員に課せられていた。

生田地区に住む宮崎廣幸さん（八九歳）は登戸実験場に勤務していた時の工員手帳を保存していた。

「厳守スベキ事項」には「国体護持」と「秘密厳守」が記載されている。

「日本はエネルギー資源がないでしょ。粉塵爆発なんてあるけど、石炭の粉を利用してエネルギーをつくる。そんな研究をしていました。要するに日本のエリートが寄せ集められてたんですね」

ない資源から知恵を絞って独創的な〝兵器〟を生み出す。その思想はいつ、何を機に始まったのだろう。

源流を手繰ると第一次世界大戦に行き着く。

一九一四年七月に始まり、ドイツが降伏する一九一八年一一月までの四年間、かつてない兵器が出現し、戦争の形態を変えた。それまでの武力戦は戦場に限定され、非戦闘員の市民を巻き込むことは少なかったが、この大戦を機に無差別大量殺りくの時代となった。空中から爆撃できる飛行機、塹壕を突破し構築物を破壊して突進する戦車、押し寄せる敵を瞬時に薙ぎ倒す機関銃。さらには生物化学兵器の禁断の箱を開けた毒ガス兵器などが登場した。

日清、日露の戦争で勝利に酔っていた日本は第一次大戦後、酔いが醒めたかのようにただちに毒ガス兵器の研究に入った。そこで生まれたのが東京・新宿戸山ヶ原の陸軍科学研究所だった。一九一九（大正八）年四月、陸軍火薬研究所が改編されての発足だった。八年後の二七（昭和二）年には「秘密戦資材研究室」を設け、諜報、防諜、謀略、宣伝に対応できる資材及び兵器の発案に励んだ。室長はのちの登戸研究所所長、篠田鐐大尉、入所してきた新入りの中に敗戦の日まで篠田の良き手足となった伴繁雄がいた。

一九三七年には陸軍参謀本部第二部第八課（謀略課）を設け、初代課長に影佐禎昭を任命。登戸実験場はこの年に川崎市生田に設けられたが、二年後の正式名称は陸軍科学研究所登戸出張所となり、業務として「特殊電波ノ研究」と「特殊科学材料研究」とある。

軍部による一一万坪（東京ドーム約九個分）という広大な用地買収はかなり安価で強引であったため、取られた農家の中には生活破綻した家庭もあった。この〝事件〟については二、三の証言や記録がある。要約すると、陸軍省は生田地区一帯の農家に対し、「天皇様のご命令です。坪あたり一円五〇銭で土地を譲ってほしい」と半ば強制的に取得したという。ただし、ある農夫が「安すぎる」と抗議。最終的に土地価格がどうなったか不明だ。一円五〇銭とは、当時のそば代が一六銭。一〇杯分で一坪を買いとられた計算になる。

登戸実験場

山田愿蔵さんたちが転勤してきた一九三七年以降の「実験場」はまだ所員は少なかった。だが、各地で日本軍が敗北してゆくと反比例的に研究棟も所員も増加の一途をたどった。最盛期は一九四四年。一〇〇近い研究棟が建ち並び一〇〇〇人近い所員が働いていたと言われている。

「ぞろぞろ通りました、毎朝。ウチの前は狭い道でしょ、リヤカーがやっと通れるくらいの農道でしたから。昔はこのへんは梨山でしょ。……たまに将校さんが長い剣を腰から下げて馬でトットットッて登ってゆきました。このあたりは軍部があったから、戦前から水道がひけて、水洗便所もできたんです。東京よりも早くひけました」

生田地区に古くから住む農家だった伊藤はまさんは、登戸研究所にかよう人たちの通勤ラッシュ模様をそう語る。その頃の小田急線には「稲田登戸」（現・向ヶ丘遊園）と「東生田」の駅があり、両駅から乗降する通勤者はかなりいた。また、登戸の多くの家は、勤務者に部屋を提供していたし、寮もあった。

「科研」に入所し、転勤となって登戸の寮に下宿した第三科の川津敬介さん（八五歳）は、「もう、ドーッと隊伍をなして何百人も歩いて登ってゆくんです。はじめのうちは人数が少なかったんでトラックが送り迎えしていたけど、おしまいは手がまわらなくなって勝手に歩いてゆくんです。下宿で寝ているとまわりが田舎そのもので静かだから、足音が目覚ましになって、急いで出勤してました」と懐かしむ。勤務は朝九時から夕方五時まで。川津さんは少し早く出勤し、食堂で朝食をとった。

「通勤の身なりは今とまったく同じ。ゲートルだのは着けなかったが戦闘帽を被っていった」と話したあと、インタビュアーの石原たみに「戦闘帽ったって知らないよね」と笑った。

キャンパス内の「遺構」

［証言　山田愿蔵］

明治大学生田キャンパスを巡るといくつかの登戸研究所に関係する「遺構」と出会えるが、今では「ほぼない」という方が正しい。一〇〇棟もあった研究棟が三棟（うち木造棟二棟はその後、解体）、三（メートル）もある動物慰霊碑、陸軍の星のマークが付いた消火栓二カ所、弾薬庫だった倉庫、「科研」から移した弥心（やごころ）神社（現・生田神社）などである。

この日、案内に立った渡辺賢二さんは、山田愿蔵さんを最近まで建っていたという「本館」跡に案内する。ここには篠田鐐所長の所長室や高等武官用食堂、それに総務課の事務室があった。

「この写真は三笠宮が視察に来られた時のものです。この時は山田さんは記念写真の中に入っていらっしゃいますか」

渡辺さんは持ってきたＢ４大のモノクロ写真を山田さんの前に出して見せる。前列中央に三笠宮、

前列中央が三笠宮、その右隣が篠田鐐、一人おいて山本憲蔵、中列左端が伴繁雄

右隣に篠田鐐所長が座っている。一九四四年一〇月撮影の写真だ。

「はい。篠田閣下がおれば、私は隣に座ることが決まってましたから」

山田さんは自分の姿を探し見ることなく、周囲の高く伸びたヒマラヤ杉を見上げる。

「すごいね、ヒマラヤ杉って六〇年でこんなに大きく育つんですねぇ」と感嘆の声を上げる。六〇年前というと敗戦直前に植えたことになる。

「本館」が取り壊され、今では幻になってしまったが、戦時中は東條英機ら高級指揮官や参謀が訪れた。ここで何を語っていたのか、興味が走る。今では建物の外観を写真で見ることしかできない。解体したのは数年前と聞く。腹立たしいほど残念だ。意図的に戦争の歴史を消し去ろうとする力がここにも見える。

お金オンチになっちゃった

赤錆が浮く消火栓を見つけ、「懐かしい」と何度も呟きながら「なでたくなりますねぇ」とデジカメで写す山田さん。そこには陸軍のマークである☆印が刻印されている。あたりに桃の木もあって、所内を巡回している警備員にもいでもらった、と思い出話が口を衝いて出る。

「ここが山田さんたちが働いていた第一科のでっかい建物があったところです。『く』号兵器の」

渡辺さんは別の写真を出して説明する。「く」号兵器は電子レンジの理論を取り入れた電波兵器。外側は無傷で中(体内)を焼きつくす。怪力光線と名付け、「くわいりき」の「く」を記号化したとする。研究所の最大課題だった風船爆弾も「ふ」号兵器と記号化しているから、頭文字をとって付けたという。ただし、発案された順に「い」「ろ」「は」……と付いたとする説もある。

写真をのぞきこみ、目の前の今ある明治大学の建物と見較べる山田さん。眼は真剣だ。登戸研究所の出発点である「実験場」の主な任務が集中したところだ。超短波の兵器化が「ち」号研究、人工雷を空中で生じさせる「ら」号研究などがあった。

「電波兵器は兵器行政本部の八木秀次博士から岡部金次郎が後継ぎとなり、彼がアイデアマンだった。電波兵器の実験はこの高台から発射して富士山までの距離を計った。五〇〇メートルしか狂わなかったですね。超短波は松平頼明たちが研究、つまり、電波探知機の開発。僕らは殺人光線で大電力を起こす研究。『ら』号の雷は大槻俊郎少佐が担当。飛んでくる飛行機の前に雷さんをおこして飛行機を落とそうとしたんです」

「マンガみたいなもんですね」

渡辺さんが笑顔で言うが、山田さんはすかさず「いや、陸上では割合いうまくいくんですよ」と真顔になる。

「ワンワン方式というのがありましてね、ドップラー効果を利用したもので、超短波で飛行機にあて、反射で距離を測定する。その時、反射波が干渉してワンワン鳴るんです。空襲があることはわかるんですが、方向とか距離が全然わからない」

パラボラアンテナの実験がナチス・ドイツの協力のもと、栃木県那須の大田原で頻繁に行われた。所員だった増子安春さんが写した貴重な写真が残っていた。

消火栓

しかし、研究は完成せず、実現化できなかった。
「研究者っていうのはね。専売特許とか誰もやらないことをやる。本当のことはお互い語らないんだ。要するにこんな田舎で空気がいいところで、人里離れて、研究費はいくらでも使っていいって言われて——。しかもここは軍事機密でね、女房、子ども、親兄弟には秘密にしてておかなきゃいけない。僕はそれを逆に利用してね。だから技術論文とか記録は一切書き残していない。書いてはいけないんだ。それでね、僕はお金オンチになっちゃった。お金には苦労しなくなった。その頃の僕の研究費は月七五円、それに危険手当を五円いただいていた」

　技術研究所に対する予算は一九四五年度に総額三五〇〇万円。これを一〇の技術研究所に配当するわけだが、登戸研究所は六五〇万円。他の研究所に較べダントツに高額だった。秘密厳守のため山田さんたちは領収書が不要。湯水のように使ったと言うが、国民の血税はどこへ流れ去ったのか。「欲しがりません。勝つまでは」と、戦時下の国民が空腹を我慢していた時代である。

1941年ころか。左から、前地大尉、新妻大尉、畑尾少佐、伊藤海軍大尉、ドイツ・ネミッツ少佐。那須・太田原の金丸原飛行場でのパラボラアンテナの実験
（増子安春氏撮影提供）

　晴れて胸に秘めた「秘密」が吐露できるとあってか、楽しそうに語る山田さんの大きな声が、目の前の第二科だったコンクリート棟に反響する。第二科は生物兵器や毒物、謀略兵器を研究していた。風船爆弾に利用しようとした牛疫ウィルス（久葉昇少佐担当）は、「朝鮮総監督府」下での実験に成功していた。あるいは中国に散布した細菌の研究も行われていたのだが、そうした渡辺さんの説明に山田さんは興味がなさそうだ。何しろ互いに他の科が何を研究していたかを知らされていなかったので、山田さんの想像力は及ばなかったにちがいない。

「研究者は本当のことを語らない」と話していたが、戦後、山田さんは電波兵器に関してその研究内容を前掲した「手記」に残していた。

「戦後、登戸研究所についていくつかの雑誌記事や書籍が出されたが、『く』号研究については、わずかな記述しかない。ここで五〇年前の記憶を頼りに、強く印象に残っていることを主に書き残すことにした」と山田さんは書いている。その細かい記述内容から当時、秘密裡にメモしていたのでは、と思えるのだが――。

レーダー技術は遅れていた

日本のレーダー技術は戦時中、どの程度の開発を行っていたのだろう。石原たみがかざす傘の下で話す山田愿蔵さんの声は聞き取りにくい。「手記」と重ね合わせてみると「日本のレーダーシステムはイギリス軍より一〇年遅れていた」という。まとめるとこんな話になる。

――日本軍がシンガポールを陥落させて大喜びしていた時、イギリス軍側がゴルフ場のゴミ箱に捨てていったノートに電気図解路が手書きでいろいろあった。ここから、近距離レーダーに関するかぎり日本は遅れていることがわかり、ショックを受け、東芝と日本電気に同性能のものをつくらせた。登戸研究所で行っていた近距離レーダーの研究は、こうしたことから、対潜望鏡探知用レーダーの研究へと指定変えされた。この研究成果である「たせ」号は、一・五キロ(メートル)先の潜望鏡を探知することができた。同機は二〇(センチ)波を使用し、輸送船のブリッジ上に設置した。

〝台覧実験〟の感電事件

［証言　和田一夫］

山田愿蔵さんが「登戸実験場」に移ってきた二年後の一九三九年、生田に住む一五歳の和田一夫少年は生田小学校の先生の推薦で第一科に入所。日給五〇銭。当時の電子機器はすべて真空管だったために、技術者たちから指導を受け、最初の三カ月は真空管のガラス管加工を修得させられた。勤務内容はそれだけではなかった。

戦時体制下にあって、雨天の日以外は車で近くの多摩川に行き、半日「川遊び」をする生活が勤務内容だった。しかも「工学院」の夜間専門学校に籍を置き、研究室長が毎朝一時間「補習」をしてくれた。しかし、和田さんだけが特別な恩恵を受けたのではなかった。篠田鐐所長の「考え方」であり、こうして給料がもらえて、望めば学べるということで、地域の少年少女の「憧れの職場」となっていた。

和田少年にとって忘れられない事件が起きたのは、入所の翌年の三月頃だった。当時、海軍も「怪力電波研究」に力を注いでいたが、陸軍が研究の成果をあげたと聞き、海軍大佐だった高松宮が、関係技術将校ら約二〇名を連れて見学に訪れた。登研側は折角だから電波を体感してもらおうと提言、お立ち台をつくり〝台覧実験〟にかかった。電波をあてると数秒でからだが温かくなる。その効果を知ってもらおうという計画だった。

「お付きの武官が何かあったら大変だ、まず俺が実験を受けてみるって言うわけだ。実験直前、武官がお立ち台に上がった。ところが、軍刀を付けてちゃダメだと言っておいたのに外し忘れてたんだナ。準備万端できていて、あとはスイッチを押せばいいだけになっていたから、オーケーっていうんでスイッチオンにしたんだ。そしたら『ギャーッ！』って飛び上がってね。電波は金属に集中するから軍刀にバリバリッてスパークしたんだ。持ってちゃいけないって言ったにもかかわらず。で、もういい、もういいって。結局、殿下は体験しないで終わったんだ」

武官の失態が図らずも電波の効果を知らしめた、というお粗末な一件――。

「その後、強力な電波兵器は二〇メートルくらい離れた机の上に、ウサギとか猿とか置いての実験は成功してたのね」と、和田さんは実験は一応の成果をあげたと語った。

和田一夫さんと撮影スタッフ

山田愿蔵さんもこの〝台覧実験〟については「手記」に「あまりにもうまい演出効果を示した」と書いているが、「こうした種々の実験で、超短波大電力発展の実態に触れることはできたが、その効果には当初期待したような怪奇的なものは現れなかった」と無念さを滲ませている。

和田さんは大電力電波兵器の試作に従事したが、一九四三年一二月徴兵となり中国戦線へ。敗戦でシベリアに抑留。その後、中国の撫順収容所を経て、一九五四年に帰国している。

歴史から消されてしまう

私が「登戸研究所」の存在を知ったのは、書店の棚でたまたま見つけた二冊の関連本からだった。斉藤充功著『謀略戦——陸軍登戸研究所』（学研M文庫）と伴繁雄著『陸軍登戸研究所の真実』（芙蓉書房出版）。繁雄の存在の大きさはこの時点ではまったくわかっていなかった。二冊を斜め読みして頭に浮かんだのは〝お化け屋敷〟だった。東京のすぐ近くで、人殺しの兵器を秘密裡に研究していたという現実は、なかなか私の中に溶け込まなかった。興味は抱いたが、おどろおどろしい様相だけが眼に張り付き、一週間の半分は日本映画学校に通勤していたにもかかわらず、小田急線の車窓に映る生田丘陵の台地に想像力を働かせるだけで、「人間研究」のテーマにするまで五年の歳月が通り過ぎていった。

映画製作をスタートさせる以前から、「人間研究」の学生グループに協力してくれた伴繁雄の妻、和子さんと渡辺賢二さんは私たちの心意気に賛同してくれた。

「忘れ去られている登戸研究所を、若い人たちが映像記録で掘り起こそうとしている。すごくうれしいです。このままでは、夫の伴繁雄が関わり合った登戸研究所が歴史から消え去ってしまう、とあきらめかけていましたから。本当にありがとう」

和子さんは心から私たちを抱擁してくれた。故人となった夫から託されている〝荷物〟がどれほど大きくて重いものか、この時私はまだ知らなかった。闇はあまりにも深いことさえも知らず、ひたすら取材しながら理解してゆく方法しかなかった。
その後、六年間、お二人の自宅を時折り訪ねては取材と撮影を重ねていった。

国内最大の謀略基地

「登戸研究所とはどんなところだったんですか」

石原たみが渡辺賢二さんにたずねる。渡辺さんの自宅は日本映画学校に近く、訪ねるたびに基礎的な事柄を説明してくれたり、資料や遺品を持ち出してきてくれた。言ってみれば「登研学」の課外授業であった。

「一九三七（昭和一二）年一二月にこの登戸に移ってきて、最初は『実験場』として使いました。それは超短波の電波兵器をつくるということで来たわけですが、ちょうどその頃に第二部第八課という謀略課ができるものですから、電波兵器だけではなく秘密戦要員を育てて秘密作戦を展開するようになりました。そのため、中野学校で育てる態勢を整え、その要員が使うあらゆる謀略兵器をこの登戸でつくるということになり、昭和一三年、一四年、一五年と、どんどん拡大していったんです。この航空写真（次頁参照）は最終的な全体像ですが、一一万坪という広大な面積に研究棟が建て並んだんです。組織内容は本部を中心に第一科、第二科、第三科、第四科とあり、それぞれ何をやっているかは秘密厳守でした。知っていても家族にも言えなかった。こうして一〇〇〇名をほこる膨大な国内最大の謀略基地が誕生したわけです」

一九四一年撮影の航空写真を見ると、生田丘陵地帯は緑の丘と谷が続き、人家は見つけにくいほどまばらだ。それが丘を削り実験場を広げてゆくと、年々、周囲の緑が消え、人家と道路がふえてゆく。四五年には緑の皮が剥ぎ取られ、いが栗頭のような更地が露出する。この様子の移り変わりは、渡辺賢二さんの著書『陸軍登戸研究所と謀略戦——科学者たちの戦争』（吉川弘文館）に掲載した四枚の航空写真が「実験場」から「登戸研究所」への拡大がすさまじい勢いだったことを物語っているが、ここに掲載した二枚の写真からでも生田地区の変貌は明らかだ。

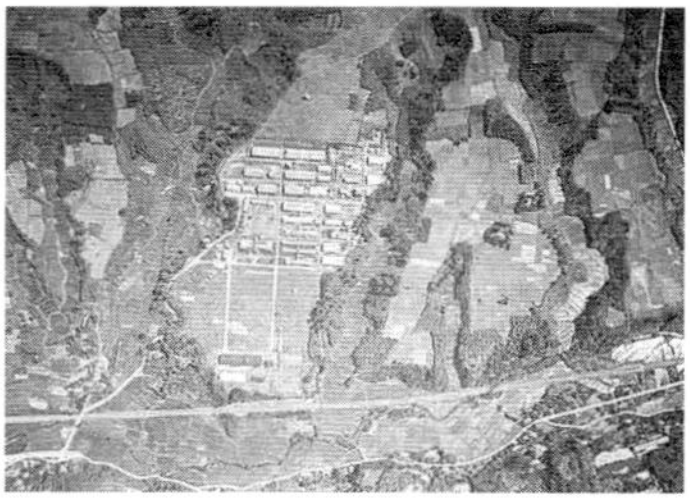

上、1941 年の登戸研究所、下、47 年9月米軍が撮影した全景。施設の規模が拡大していることがわかる

【登戸研究所の組織図】（『消された秘密研究所』木下健蔵著（信濃毎日新聞社）から作成）

陸軍第９技術研究所（登戸研究所）
所長　篠田鐐中将（工学博士）

- 総務科 —— 研究・運営に関する総務全般
- 第１科 —— 物理関係全般……風船爆弾（ふ号）・怪力光線（く号）・某者用無線通信機・宣伝用自転車（せ号）・電話盗聴機など
- 第２科 —— 化学関係全般……秘密インキ・秘密カメラ・毒薬・細菌・特殊爆弾・時限信管など
- 第３科 —— 経済謀略資材・偽造紙幣・印刷関係資材の調査研究及び製造・偽造書類・偽造パスポート・各種証明書の偽造など
- 第４科 —— 第１科・第２科が研究開発した器材を実用化するための最終実験及び製造工場の管理運営・中野学校の指導など

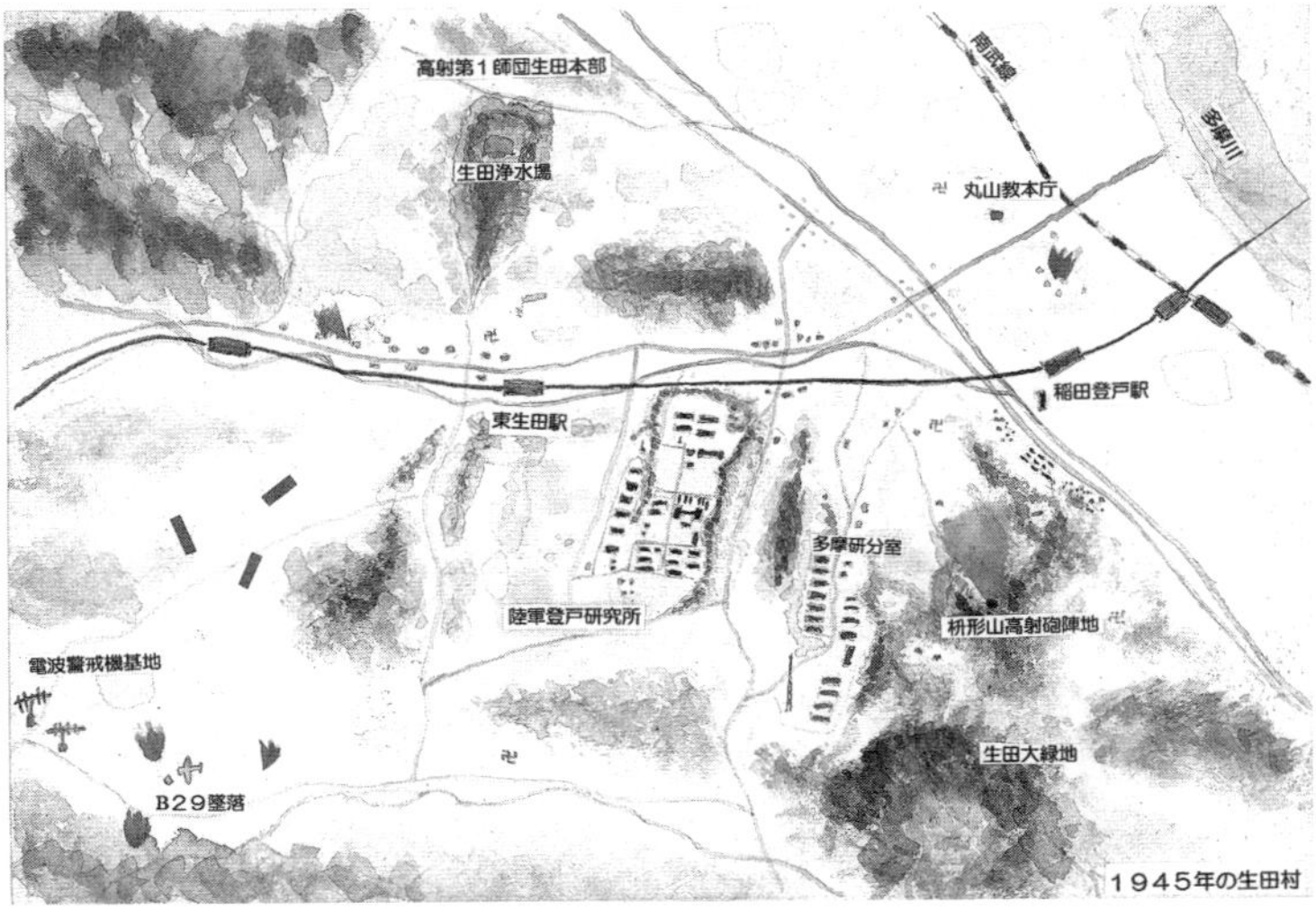

登戸研究所地図（イラスト・宮永和子さん）

谷に生きた里

「三年間、生田の高校に通っていたのに、すぐ近くにこんな研究所があったなんて全然知らなかったんです。最近調べるようになって驚きました」

「登戸研究所」という名前さえ耳にしたことがなかった、と石原たみ。

戦後六〇年余りも過ぎているのに、なぜ人びとの口から研究所のことが漏れてこなかったのか。歴史が孕んだ戦争の負の遺産がここにも眠っている。証言者が高齢化している。早く取材しなければ二度と聞き取りができなくなる。だが、秘密の組織は人と人との絆が切れているため、証言者を探し出すのは容易ではないことがわかってきた。

二〇〇七年早春、私たちは生田駅前の道を

抜け、住宅街の間の坂道を登り、生田五丁目の〝展望台〟と覚しき突端に立った。眼下には市街地が広がり、視界の先には明治大学生田キャンパスのある丘陵地帯が低く連なる。

「この上の方には浄水場があったそうです。聞くところによると高射砲連隊の本部はこのあたりにあったそうです」

あたりの地理を知らない私たちに同行してくれた宮永和子さんが説明する。宮永さんは両親とこの地に移ってきて久しい。郷土史と「登研」に関心をもち、独自の力でコツコツ調べてきた。

突然、足もとのあたりからうぐいすの囀(さえず)りが長く尾をひくように響いた。一帯がのどかな田舎風景だったころは、多くの小鳥が飛来していたのだろう。

「この先、明治大学の向こう側には枡形山。正面のあたりです。そこには高射砲陣地があったんです」

前方に浮かぶ白い雲の方向を指さす宮永さん。

「研究所の敷地は今の明大の敷地よりも広かったんですか」

石原の質問に宮永さんは一瞬惑う。

「研究所は今ある三田団地の敷地も含めてすべてが敷地だったのね。このあたりは戦時中まで農村地帯。でも農家はあんまりなかった。畑は平地がないから山と山の間の谷間を耕してきたんです。谷(やと)って言うんですけど。そんな人里離れた土地だったの」

今では立錐の余地もない家並みから、谷の風景は想像しにくい。わずか六〇年で急変した生田の丘陵地帯。全国いたるところに起きた開発優先、経済優先は何か大切なものを失ってきた。

実験場が突然丘の上に設けられ、道路が少しずつ伸び、駅からの乗降客がふえ、周囲に憲兵たちの眼が光り――。登研は、この地のただならぬ侵入者ではあったが、しかし、現金収入のないこの一帯の農家にとって一条の光に見えたにちがいない。

太田圓次さんと出会う

「秘密厳守」の登戸は、人と人との絆が遮断され、外部に研究内容が洩れないように憲兵が見張っていたと言う。その余波は戦後に及び、頑(かたく)なに従業員が口を閉ざしてきたため、撮影に協力してくれる証言者が見つかりにくい。だが二年目、登研会というＯＢ会があり、年に一回、秋に親睦会がある、と耳に入った。いきなり私が参加すると警戒心が働くのではと考え、初回は学生の三人を会費を払って送り込んだ。和やかな空気を乱すことなく、むしろ学生たちの参加を喜んで迎えてくれたと報告を聞く。翌年、三人は卒業制作で忙しかったため、私ひとりで参加、席上、撮影の協力を求めた。

太田圓次さん

結果、第三科の所員だった大島康弘さん、川津敬介さん、中野学校の二期生の久木田幸穂さん、それに総務課や庶務課で事務員を勤めていた女性の方々が快諾、一気に道が開けた日となった。しかし、一科の風船爆弾関係者や二科の毒物謀略兵器、あるいはスパイ用カメラや拳銃などの武器を開発していた元所員などは参加がなかった。

撮影から五年、モザイク状に証言者の話は収録できたが、全体像を描き出すには芯になる証言が欲しかった。所長の篠田鐐は勿論のこと、伴繁雄もとっくに鬼籍に入っている。このままでは文化映画にはなるが、人間ドラマのあるドキュメンタリー映画にはならない。

あきらめかけていた時、「風船爆弾を飛ばした男が友人にいる」と川崎市内に住む知人から報せをうけた。「これまで本人は公の場では喋りたがらなかったが、連絡をとってみてはどうか」と先方は親身になって言う。「やったァ！」という興奮が私の全身に走った。「当たって砕けろ」ではなく、なんとかこちらの意図を理解してもらおう、と意気込んだ。

その男性が太田圓次さん（八二歳）だった。「僕はネ、自分のしてきたことをペラペラ喋りたくはないんだ」と電話口から聞こえた。それでも「とにかく会おう」となり、明大の「資料館」で待ち合わせた。太田さんは登研では下働きの仕事だったが、守備範囲が広く、風船爆弾放球の体験談も含めて、貴重な証言をカメラの前で語ってくれるのでは、と勝手に期待した。

明治大学生田キャンパスの奥は一段高い丘になっていて、畑が広がっている。太田さんの初めてのインタビューは「三田ッ原」と呼ぶその高台で行った。二〇一〇年の冬だった。この日は〝学生スタッフ三人〟は欠席だ。全員、卒業後は就職したため、私の急な呼びかけに応じられなかった。急遽、近くに住む宮永和子さんに「インタビュアー」をお願いする。

太田さんは川崎市多摩区長沢で不動産業を経営している。昭和元（一九二六）年地元に生まれ育った。一五歳の時に「研究所」に勤務、第二科の伴繁雄の下で爆薬班の雑務を任された。「伴さんがどんな研究をしていたか詳しくは知らない。僕はビーカーを洗ったりするだけだったから」と話す。

三田ッ原では上空にヘリが飛び、畑では音を立ててコンバイン作業を行っている人がいた。音の状況はよくない。が、ドキュメンタリーにチャンスは二度ない。代役カメラマンの私は二人にカメラを近づけ、騒音が入らないようにする。太田さんはクローズアップだ。

「初めの一年は見習工として入りましたからね。一年間は午前中は勉強、午後は軍事教練。この三田ッ原でね、防具をつけて銃剣術。暑い日なんか今でいう熱中症になってブッ倒れちゃう。そうすっと、水ぶっかけられてね。あの時分は軍国少年だったね」

苦笑する太田さん。

「研究所に入ろうと思ったきっかけは何ですか」と宮永さん。

「えっ、ここで話すのかい……」

登研のことについてはべらべら喋りたくない。だから今まで黙ってきた。初対面なのにいきなりの突撃インタビューを受け、少々惑い気味だ。段取りを踏まないままの撮影は失礼だと知りつつ、私はそのままカメラのスイッチを押しつづけた。

「小学校は生田だったけどね、中学（小学校高等科）を卒業すると担任がウチに訪ねてきてね、師範学校に行かせてやって欲しいって母に言ったんです。でもウチは小作人で貧乏だから金銭的余裕はない。しかも父親は酒呑みだし、二人いる兄は兵隊に行っちゃっていない。食うや食わずの生活で母ひとり大変だったのを見ていたから、僕も働いて給料の足しにしてやらないとご飯が食べれない。それでここに就職。だから本当の貧乏人だったよ」と豪快に笑い飛ばす。

「じゃ、ここ（登研）に入れて良かったですか」

「と言うか、当時はみんな民間の会社に勤めていたりすると徴用工という制度があったからね、そこにとられちゃう。海軍工廠とか陸軍工廠とかこういう研究所に入れば、徴用がないから安全なわけなんです。で、僕はウチが近いからここに入って……貧乏したくないよね」

「お給料はどれくらいもらったんですか」

「一日八〇銭。初任給が二八円。覚えてますよ、八〇銭ですよ」

当時に換算すると、一日分はそば五杯分程度。おにぎり二個が二〇銭だった。

「このあたりの農家の人はここへ勤めて、現金収入にして。百姓の仕事は爺っちゃん婆っちゃんや奥さんがしてね。兵隊から帰ってきた人は守衛の仕事を勤めて――。ウチの兄なんかも守衛を勤めていました。そんなこんなで、このまわりの人たちはこの土地で食べるものは採り、現金はここの研究所からってね。でも、当時はここで何がつくられているかはまったく知りませんでしたね」

太田さんは風船爆弾の試験放球に狩り出されたり、伴繁雄の二科の仕事も知っていることがあるという。

初対面のこの日は手短かにインタビューを終え、後日、あらためて生田の近くにある太田さんが経営する会社を訪ねることにした。

第二章　毒物研究と生体実験

対動物用生物兵器

［証言　宮木芳郎］

「篠田所長の発意で昭和一五（一九四〇：引用者）年から動物、主として牛、馬、豚、家禽類を対象とした生物謀略兵器研究室が建設された。当初、陸軍軍医学校からチフス、ペスト菌などをもらって研究していたが、戦争末期には、対人生物兵器は石井機関で、また対動物用生物兵器を登戸研究所が担当となった」

（前掲『陸軍登戸研究所の真実』）

宮木芳郎さんは生田地区の生まれだ。一九四三年に登研に勤め、一七歳から一九歳まで総務科に配属されていた。動物を飼育していたことを記憶している唯一の人だ。

「なんの技術もなかったから、掃除や草むしりを命じられたり、動物実験用の小動物を『実験室』に運んだり、時には上の原（三田ッ原）に箱詰めされた折りたたんだ気球を三、四人でリヤカーで運び上げたりしました。木炭車に乗って都心の魚市場に一〇〇〇人分の魚を買いに行かされたりしたことも何度か――。

ある日、出先でB29の空襲に出会い、憲兵に車を止められてね、木炭車は火を焚くんで上から見えるってんでね、野宿させられたこともあったね。ついでに言えば、山梨県にブドウ酒を買いに行かされたこともあった。将校連中の楽しみだったんだろう」

「給料は朝八時から五時まで勤務して一日一円くらい。タイムカードがあってガチャンってやってね。一月五〇円くらい。ここに来る前は水道局勤務の話があった。でもね、水道局は三〇円って言われたからね。こっちは倍近いんでここに来た。ウチは貧しかったから、現金が欲しかった。七人兄弟で長男の俺は、卵一個割って飯にかける時、黄身も白身も弟たちに食われちまって醤油だけだった。親父が登研の開発で土地を坪一円で売ってしまって裸になっちまったから、米がない時は野草を煮て腹を満たした。村は五〇世帯あったが、俺んとこは五〇番目に貧しかった」

一気に語る宮木さん。胸にたまっているものを吐き出すかのようだ。

「きれいな女の子も所内には働いていたからね。給料もらって、女の子のことばっかり考えてさ。あとはどうなっても、って気持ちだった」

「家から歩いて二〇分。楽しい職場だった。しかし、昭和二〇年五月四日に徴兵。登研には三年勤めていたからそれなりに大切にされてたけど、軍隊に入って二等兵になったら『欠礼』(古参兵に敬礼しないとか)の体罰で前歯が折れるほど殴られた。登研はみんないい上司だったからね、懐かしかったね、今でもね。あん時は戦死することが親孝行って言われてたよ」

宮木さんは明大生田校舎の正門裏手に建つ動物慰霊碑の前で、建立のいわれや実験用動物について見学者に説明することに生き甲斐を感じている。動物慰霊碑は、高さ三メートルもある立派な石碑だ。

「日本最大の動物慰霊碑と言われています」と宮木さん。

「このそばには動物実験に使う小動物が飼育されていました。今泉さんというご夫婦が責任者で、ここに住みながら動物を管理していましたね」

「動物の種類ですか――。モルモット、イヌ、サル、ウサギ、豚。ウサギが一番多かったかな。三匹ずつ箱に入れられていて。五〇から六〇くらい飼ってましたね。他に豚もいました。モルモットは二〇匹から三〇匹くらい。実験は殺人光線とか毒物投与があったと思いますが、終わって食べても大丈夫な動物は、料理に出ましてね。いいところは将校が食べて、骨のような見栄えの悪いところはスープに入れたりして。私たちは豚の足の毛むくじゃらの部分を食べたことがありました」

動物慰霊碑

「動物をリアカーで運んだことはありますが、どんな実験に使ったかは、見たことがない」と語る。姉も勤めていたという登研は、生田の貧しい人々にとって夢を与えるようなところだった。

「終戦直前は研究所で働く者もおかしくなってきて、盗みが流行しだした。九〇キロもある米を盗み出した大男もいたね。私は裁縫用の木綿の糸巻を胸ポケットに隠して家に持ってきたことがあったね」

伴和子の登研

神奈川県・三浦半島。横須賀線逗子駅からバスに乗り換えて二〇分。そのまま進めば葉山の海に出る手前で下車。夏は若者がバイクを連ね、エンジンを吹かせて素っ飛んでゆく。この地も生田丘陵地のように山を切り開いたのだろうか、崖が道に添い、その急な石段を登りきると伴和子さんの住むマンションがあった。

二〇〇六年七月末日、私にとっては初めての訪問だった。「人間研究」の時は学生だけで取材にきていた。

後背地の先には緑濃い稜線がつづき、その窪地に新しいお洒落なマンションが密集している。それに較べると、和子さんの部屋は入口にオートロックもなく、年代物を思わせる造りだ。しかし、ひとり住まいの和子さんの部屋はキッチン共用のリビングルームが広々としていて心が落ち着く。大きめのステレオコンポ、大きめの応接セット、スパイ本が並ぶ書棚。夫、伴繁雄が急逝したあと、五〇〇メートルほどしか離れていない二階建ての庭付き一軒家から引き移ってきたというが、故人を偲んで訪ねてくる客をもてなそうと思う和子さんの心配りが感じられる。そして、和子さんが座る椅子の後ろの壁面には、伴繁雄のカラーポートレートが飾られていた。優しい大きな眼だが、心の奥底は読みとりにくい。

和子さんがお見合いの話を受けたのは一九七二年。伴繁雄は六〇歳。再婚だった。和子さんは四三歳、初婚である。先妻といつ結婚し、いつ亡くなったかは、当初は私たちはあえてたずねなかったし、和子さんも口にしたことはなかった。先妻の子どもたちとはあまり付き合いはないようで、それも世間にはよくある話だと思い、触れないでいたのだ。

ところが後日、和子さんから渡された自伝の小冊子『私の生きてきた道――伴繁雄との葛藤人生』（二〇〇四年一一月刊行）には、伴繁雄と見合い結婚した一九七二年は、先妻の三回忌であったことが記されていた。先妻は伴繁雄とは四歳年下。計算上、五四歳で亡くなっている。二人の結婚は一九三三年とある。とすれば、先妻もまた、戦時下の秘密戦、謀略戦のトップを走っていた夫のことがどれだけ理解できていたか。秘密を守る夫の沈黙が夫妻の間に立ちはだかっていたとしたら――。三回忌を期して繁雄は何を志したのか。決して再婚の幸せだけを手にしたいという心情ではなかったのではないか、と。

和子さんが結婚生活で胸に抱えてきたことは何だったのか――。

上、伴和子さん、下、伴夫妻結婚写真

「主人はお見合いの時から、登戸研究所の本を書かなきゃならない、書かなきゃならない。お前も協力してくれないかって、最初から言われてました」

登研について何も知らなかった福島県出身の和子さんは、夫に寄り添い、妻として何かと力になろうとしてきた。本を書くには体力がいる。繁雄は健康とは言い難く、漢方医と相談して薬を飲ませることから体力づくりが始まった。時には嫌がる夫の口元に粉薬の包みを押し付け、顔をのけぞらせるまでして飲ませた。「こうでもして薬を飲まないと本は書けませんよ」と母親のように叱ったと語る。野球で言えば剛腕直球型の人だ。

私たちのインタビューに対し、一度としてためらったり臆したことがない。いいことも悪いこともはっきりと口にする。「登研」の歩んだ闇の道を記録しておかなければ、という執念に燃えていた夫。その動機の核とはなんだったのか。多分、和子さんは、夫の原稿を清書したり整理してゆくうち、浮かび上がってきた登研の実像に驚くばかりであったのではないだろうか。

「人間とは思えないことを登戸はやってきた」と和子さんは訴える。

そう思えば思うほど、本が完成するまでは夫にがんばって欲しいと願うようになったはずだ。

「神様は、夫が本を書き上げるために、私を遣わせたと思いました、はい」

伴繁雄という存在

登戸研究所の中心的人物は所長の篠田鐐だが、経歴は資料からわかるものの、後世に書き残したものがないため、ドキュメンタリー映画では追うことができない。都内に住む息子の嫁だという家に電話を掛けたことがあるが、撮影は断られた。もっともこの女性は登研についてはまったくわからず、ただ「義父は優しい、いい人でした」と明るい声で話していた。

七三一部隊（関東軍防疫給水部）の石井四郎隊長も戦後の姿は幻のようになったままあの世に逝ってしまったが、篠田鐐にも言えることだ。自分たちが秘密にしてきた研究のデータを戦後すぐに占領軍のアメリカ側に渡し、戦犯を免責された。その罪は大きい。

映画表現としては、和子さんをとおして、国策に踊った研究所時代の姿を浮かび上がらせると同時に、篠田とは違う晩年を迎えた伴繁雄という男の生き様を描き出さなければ、戦争と未来をつなげることにはならない、と思うようになった。

伴繁雄は一九〇六（明治三九）年一〇月一〇日、愛知県一宮町に生まれた。浜松高等工業（現・静岡大学工学部応用化学科）を卒業して陸軍科学研究所に入り、篠田鐐を室長とする「秘密戦資材研究室」の雇員となる。一〇年後には陸軍技手となって中国大陸へは再三出張、一九四一（昭和一六）年には陸軍科学研究所付の陸軍技師に昇格、さらに文官から武官に転じ陸軍兵技大尉に。出張は相変わらず多く、仏領インドシナなどにも足を運んでいる。

一九四三年四月、篠田鐐陸軍少将とともに、独創的秘密兵器開発の功績に対し、東條英機陸軍大臣から陸軍技術有功賞と金一封（一万円）を受ける。その後も東南アジア各地に出張。目的は秘密兵器輸送のためであったり、資材使用の指導であったりしたようだ。敗戦前年には陸軍技術少佐に進級。そして米軍の空襲が激しくなると、長野県駒ケ根市に疎開した。戦後は有能な技術者として第二の人生が始まったが、一九五一年に米海軍横須賀基地にケミカルセクション・チーフとして勤務し、四年後には米政府の招聘によりサンフランシスコに渡り、米軍基地で技術指導の任に就いた。帰国は一年後である。

登研の闇の歴史は彼の背中にのしかかり、晩年まで忘却の彼方へ押し流すことはできなかったように思える。

南京一六四四部隊と人体実験

戦場から遠く離れ、軍靴の音も響いてこない日々の中で、好きな研究に好きなだけ没頭できた登研。タイムカードのシステムもあり、人によっては学校にさえ行かせてくれた学園的雰囲気。伴繁雄も篠田鐐所長から熱い信頼を受けていたからそれに応えるべく、独創的殺人方法の開発に没頭していた。伴の研究意欲について渡辺賢二さんは解説する。

「伴さんという人は、第二科の班長でした。この人は敵をやっつけるため青酸ニトリールとかの毒物を研究したり、アジア全体から毒蛇を見つけ、生きたままの血を抜いて送ってくれと命じたんです。主に要人暗殺の研究をするわけです。そのために動物実験して証明するんですが、だんだん実際に人間にやってみたいという衝動に駆られるんです。しかし、国内で捕虜を人体実験したら大変な問題になる。そこで中国東北部のハルビン郊外にある石井四郎率いる防疫給水本部、通称七三一部隊の協力を得て、南京一六四四部隊が接収していた南京病院で人体実験を行ったんです」

一九四一年五月下旬、篠田所長の命令で伴繁雄ら所員数名は長崎港から上海経由で南京に向かった。南京病院では何を行ったか。そのことは伴の人生にどのような影響を与えたか。自著の中で伴は実験について告白している。映画『陸軍登戸研究所』では、石原たみが朗読したが、その個所（傍線部分）を含めて採録しておく――。

実験期日は南京の中支那防疫給水部が指定する。実験期間は約一週間を見込み、実験者は同防疫給水部の軍医で、実験には登戸研究所からの出張員が立ち会うというものだった。実験対象者は中国軍捕虜または、一般死刑囚約一五、六名、（三〇名説あり）とされた。

六月一七日、登戸研究所員らは長崎港を出発、海路上海を経由して南京に到着すると、支那派遣軍総司令参謀部に出頭し、出張申告を行った。

実験のねらいは、青酸ニトリールを中心に、致死量の決定、症状の観察、青酸カリとの比較などだった。経口（嚥下）と注射の二方法で行われた実験の結果は、予想していた通りで、青酸ニトリールと青酸カリは、服用後死亡に至るまで大体同様の経過と解剖所見が得られた。また、注射が最もよく効果を現し、これは皮下注射でよかったこともわかった。

青酸ニトリールの致死量は大体一cc（一グラム）で、二、三分で微効が現れ、三〇分で完全に死に至った。しかし、体質、性別、年齢などによって死亡までに二、三時間から十数時間を要した例もあり、正確には特定できなかった。しかし、青酸カリに比べわずか効果が現れる時間が長いが、青酸カリと同じく超即効性であることには変わりがなかった。

捕虜・死刑囚に対して行われたとはいえ、非人道的な悲惨な人体実験が行われたのである。

（前掲『陸軍登戸研究所の真実』）

南京病院

登研が行った南京病院における人体実験は、ハルビン郊外の平房に建設された七三一部隊の影に隠れ、知られざる戦争犯罪史の一つとなっていた。他に細菌戦部隊は南方から北京に来た支那派遣軍防疫給水部（甲一八五五部隊）、広東に南支那派遣軍防疫給水部（波八六〇四部隊）シンガポールに第七方面軍下南方軍防疫給水部（威または岡九四二〇部隊）を配置、それぞれ多くの支部を設置した。ちなみに南京病院は、日本軍に接収されたのちは、中支那派遣軍防疫給水部（栄一六四四）が置かれた。一九三七年一二月の南京侵略による占領後のこと。三九年四月に同本部を置く。ここの秘匿名は「栄一六四四」または「多摩部隊」と呼んだ。

七三一研究会編『細菌戦部隊』（晩聲社）には、登研の人体実験を裏付ける指摘がある——。

「この部隊（注：一六四四部隊）は、陸軍第九技術研究所——通称登戸研究所の第二科（毒物・爆弾研究）の所員にも場と〝材料〟を提供し、一九四一年に本部で、四三年に上海の特務機関で合同して、開発された毒物の人体実験を行っている」（近藤昭二）

また同書に「南京でもやっていた人体実験」を記述した松本博氏（一九二二年生まれ）がその実状を証言している。松本氏は一九四三年八月頃、栄一六四四部隊に配属され〝マルタ〟の監視を命じられていた。

部隊の四階には、中国人捕虜を監視している部屋がいくつか並んでいました。私が担当したのは〝松〟と呼ばれていた部屋でした。他にも〝梅〟とか〝竹〟というように呼ばれていた部屋がありました。

学校の教室ほどの広さには〝ロツ〟と呼ぶ檻が五、六個あり、中には体格のよい中国人男性が全裸のまま一人ずつ監禁されていた。ロツの広さは大人が座っているのがやっとの狭苦しい広さだったという。

「〝マルタ〟は軍医により、さまざまな細菌実験をされていました。ペスト、コレラ、破傷風、腸チフス、瓦斯（がす）、壊疽（えそ）……。注射で細菌を感染させたり、シャーレに入っているペストノミをそのまま腹部に当ててノミに血を吸わせたりしていました。入浴させませんでしたから〝マルタ〟はものすごい体臭です。白衣を着てマスクをつけ、一日の始めと終わりにはしょうこう水で消毒しました」

敗戦の日からロツの切断が始まり、それまでに焼却した人骨は埋めておいた穴を掘りかえし、他の器材といっしょにトラックに乗せて揚子江に捨てた。トラックは大変な数だった。

（『細菌部隊』松本博の証言）

伴繁雄と毒物（青酸ニトリール）の関わりを人体実験の立会人という立場で目撃したのは、二科の嘱託であった島田金次郎（仮名七三歳）である。

あれは、たしか昭和一六年の初夏だったと思うが、南京に出張し、康生智軍が遺棄した軍の病院、これは、中支方面軍が接収したものだが、そこで、中国人捕虜の男性に対して青酸効果の試験をやったことがあった。目的はスパイに対して用いる殺傷器材に、青酸ニトリールを利用した場合の効果測定で、方法は注射と嚥下で、二科で開発した青酸ニトリールを投与した。

完全死に至るまでの時間は注射で二〜三分、飲用で五〜一〇分くらいだったと思う。当時の立会人は軍医や医官補で、それに登戸からは上方博技術少佐と伴さんが来ていたと記憶しているが……。

（斉藤充功『謀略戦——陸軍登戸研究所』学研M文庫）

しかし、一六四四部隊自体が何をしたかという点については解明されていないという。

南京一六四四部隊については、季刊『戦争責任研究』（日本の戦争責任資料センター、一九九七年春季号）に次のような解説がある。

「一九三九年五月から敗戦まで、南京の中心街中山東路に存在した『中支那防疫給水部（栄一六四四部隊）』は平時には謀略研究機関兼防疫給水部隊、作戦時には細菌戦部隊兼七三一部隊の補給基地として機能し、数々の細菌謀略戦に関わりながら、七三一と違ってその実態がほとんど解明されていない」（水谷尚子「一六四四部隊の組織と活動——語りはじめた元部隊員たち」）

動物慰霊碑建立の謎

人体実験を行ったという南京病院の資料映像が欲しい。登戸研究所の「闇」を撮らなければ実相を描いたことにならない。そう思い、中国取材旅行を計画するが、折しも尖閣列島に領土問題の炎が上がり、中国で「反日」デモが暴徒化した。沈静化を待つ気でいた時、旧日本軍の中国におけるさまざまな加害行為に光をあて日本政府から解決策を引き出すべく活動してきたＡＢＣ企画委員会から、南京一六四四部隊の映像があることを知らせてくれた。

ドキュメンタリー映画『語られなかった戦争――侵略』である。一九九八年に製作された森正孝監督の作品だ。早速、監督に使用許可のお願いを電話で入れる。「そういう趣旨の映画なら使ってもいいですよ」と快諾をいただいた。自主製作の台所を身を以て知っているからだろう。こういう方々の協力がなければ、たとえフィルム代や現像代がかからなくなったビデオ映画製作でも、資料映像の貸し出しを受けるには著作権料がかかり、製作費がなければ経済的な壁に突き当たる。森監督に心から感謝を伝えた。

『語られなかった戦争』の一部にあたる南京病院の建物のシーンを再現する――。

［ナレーション］「石井四郎が創設した南京一六四四部隊。当時は多摩部隊あるいは栄部隊ともよばれていた。建物は今も残されており、解放軍の病院として使われている」

カメラはレンガ造りの四階建てビルをパンニングしながらその全貌を写し出す。脇にかなり太い煙突がそびえ建っている。ナレーションにはないが、敗戦時にはここでも人体実験の死体を焼いたのではないだろうか――。

「実験棟」と称する「Ａ棟」の正面玄関に、中国人民解放軍兵士らしい男が出入りしている。

一階は細菌培養室、二階はネズミ、ノミの飼育室、三階は人体実験室になっていた。

［ナレーション］「当時、ここに入れるのは特別許可証を与えられた将校や医師たちのみであり、入る時はかならずゴム手袋とマスク、帰る時は消毒を必要とした」

四階は「マルタ」の収容監獄。

マルタとは、実験の材料にさせられた中国人やロシア人を指す。

この南京病院以外でも登研は一九四四（昭和一九）年一二月から翌年一月にかけて上海で現地特務機関の協力を得て約一カ月間にわたり青酸ガスなどによる生体実験をした、と一部の資料に記されている。


渡辺賢二さんの話はつづく。

「戦後、伴さんがあきらかにした証言によると、人体実験をした、と。最初はイヤだったが、しかし段々と趣味になったたって言ってるんです。そこに登戸研究所がやったことの本質が現われているんじゃないかと思います。

伴さんの証言の中には、例えば蛇の毒針を万年筆のようなものに付けてグサッと刺す。一呼吸で倒れる。そういう時は、この実際に使ったというストップウォッチで何秒で死ぬかを計る。一面ではクスリや毒が効くということで陸軍から技術有功賞を受賞する。表彰状やメダル、お金をもらっている。しかし、伴さんの心の中では秘かにある物を建てなくては、という思いになってゆく。それが今も残る巨大な三メートルに及ぶ『動物慰霊碑』です。何の記録もないが人体実験をした証しとして、正常な人間のやらなきゃならないことだったんですね」

動物慰霊碑は裏側に「昭和一八年三月建立」とあり、表面の脇に「揮毫　陸軍少将篠田鐐」とある。篠田と伴が話し合って技術有功賞で得た賞金で建立した、と推測されている。

だが、一方では戦時中に敵の人間に情を及ぼすことは考えにくい。この石碑はあくまでも可哀想な動物たちへの慰霊だと考える人もいる。果たしてどちらが真実か。

篠田鐐や伴繁雄の真実の声が聴きたい。

川崎市民の保存活動

最盛期は一〇〇棟近くあったという研究棟。戦後すぐに俯瞰撮影された木造建物群の写真からは瀟洒な住宅地かと錯覚するほど、見渡すかぎりに研究棟らしからぬ家々が建てこんでいる。中央の通りは本部前に通じているのか、緑の樹々が並び、夏は涼を呼んでいたのだろう。「こんなのどかな田舎でお金を使いたいだけ使って研究できるなんてね」と語っていた山田愿蔵さんの気持ちは、わからないではない平穏な風景だ。この一枚の写真だけでも、よもや登研が「殺人兵器」を研究していた所だったとは信じがたい。

説明する宮永和子さん

秘密のベールを被ったまま迎えた戦後。建物と敷地はどんな運命が待っていたか。明治大学文学部教授であり、明治大学平和教育登戸研究所資料館の山田朗館長は自著『陸軍登戸研究所〈秘密戦〉の世界』（明治大学出版会）の中でその歩みを記録している。一部転載する。

「敗戦後、生田の登戸研究所跡地（国有地）とその建物群は、慶應義塾大学・北里研究所・巴川製紙などが借用して使用していた。戦後、慶應義塾大学が登戸研究所跡地を使用していたのは、同大学の日吉キャンパス（横浜市）がGHQによって接収されていたためで、解除にともなって慶応義塾大学が日吉に復帰したため、一九五〇年、明治大学が登戸研究所の主に第一科・第二科・第三科が配置されていた部分の土地（三万二二一八坪）・建物（八九棟・うち鉄筋コンクリート造七棟）を九七七万円（一九四九年の申請時の価格）で取得し、翌一九五一年度より農学部が使用開始した」

キャンパスの整備、施設の新築により、研究所の建物が姿を徐々に消していったのは、一九六四年に工学部が移転してきてからだという。私たちが初めて生田キャンパス内を見てまわった二〇〇六年は、すでに木造棟が二棟とコンクリート棟が一棟だけだった。木造平屋建ては古びた校舎のように黒ずんでいて、保存が決まらないせいか手入れもなく、長い歳月に吹き曝され、放置されてきた孤寂感が漂っていた。この二棟は塀に囲まれていた三科のニセ札印刷工場と紙幣の保管倉庫だった。それだけに、耳を澄ますと登戸研究所の微かな呼吸が聞こえてくるようで、あの時代とつながった感があった。この時、歴史はまだ、過去ではなく、建物は息づいていた――。

地元、生田の住民や旧所員たちの中には保存を強く望む者も多く、二〇〇六年秋には「旧陸軍登戸研究所の保存を求める川崎市民の会」が発足した。生田に住む宮永和子さんも会員のひとりだった。

「もともと保存の会ができたきっかけは、三科の木造建物があって、いよいよ壊されちゃってなくなるかもしれない。で、私たちは登戸研究所の顔っていうか、大事なところだと思っているので残したいと考え、川崎市に出す請願署名を集めていったんです。そうすると結構登戸研究所の名前は知っているんです。だけど、研究所が戦時中、何をやっていたかはあまり知られていない。風船爆弾作ってた所でしょって言われたりするけど、登戸研究所がどういう意味を持っていたのか。今、私たちがここから何を学んだらいいのか。そのためにはみんなに知ってもらいたいと思って見学会を始めたんです」

請願署名は一万筆近かったが、木造棟の「保存」には至らなかった。

「実際に私の活動としては見学会に来た人たちに登戸研究所の跡地を案内して説明することです」

定例見学会は二〇〇七年秋にスタートした。「保存を求める会」の有志が、生田駅に集合した見学者を生田キャンパス内の登戸研究所跡地に案内し、説明役をかっていた。

５号棟、上は正面、下は横から

第三章　謀略兵器と中野学校

スパイ兵器とゲリラ

第二科の研究内容について、太田圓次さんの証言を聴く。

「私が配属された第二科は謀略兵器が研究対象。いわゆる、遊撃隊が使う兵器ですね。遊撃隊は一九四四年に中野学校が短期養成したスパイ集団です。で、僕らは入所したばかりで、班長の伴繁雄さんはじめ技術者が何をつくろうとしているのか知らなかったし、想像もつかなかった。あとで知ったことは、スパイが使う、例えば拳銃。音の出ない拳銃とかスプリングで弾丸を発射させる拳銃、万年筆型の銃。この弾丸は米粒程度。それから所内には軽戦車が三、四台常駐していましたが、戦車をぶっ壊す研究もやってましたね。そのため、戦車壕を三つ四つ掘りました。今、明大がプールをつくったところに弾薬庫がありましたね。弾薬の爆発力を試験する塔もありました」

「それから陶器がゴチャゴチャ置いてあって、何をするのかと思っていたら陶器に泥状の火薬を詰めて真黒に塗るんです。まったく石炭と同じに見えるわけ。それを遊撃隊が中国に持っていって石炭列車に放り込む。知らないまま貨車が火力発電所なんかに運んでボイラーにくべると大爆発しちゃうでしょう。実際の成果は聞いていないんですが。それから、缶詰爆弾なんかも二科がつくってました。四科だという人もいるらしいが、木工場のような四科で危険な爆弾をつくれるわけがない」
「火薬には泥状火薬のほかに黒色火薬、黄色火薬、ガス火薬、水溶性火薬なんかがありましたが、ある時先輩に黄色火薬を舐めてみろって言われて〝味見〟したら、苦いのなんてもんじゃなかった」

中野学校

一九三七（昭和一二）年七月、「防諜研究所」として設立されたものが、翌年「後方勤務要員養成所」に改編。日本最初の科学的防諜機関の誕生である。さらに翌三九年に正式に陸軍中野学校となる。場所は東京・中野。早稲田通りに面した表門には「陸軍省通信研究所」とあり、中央線の線路側につくられた裏門には「東武第三十三部隊」とあった。「陸軍中野学校」の看板はなかった。

設立目的は「いまや戦争の形態は、野戦から総力戦体制に移行し軍情報も、また兵の動員や兵器のみの諜報では十分ではない。従来、在外武官からの情報のみに限られていて、政治、経済、宗教、文化、思想、科学など、総力戦的国力選定の資料、情報に欠けていた。だからこそこれを補うために、諜報、謀略要員を養成しなければならない」（前掲『陸軍登戸研究所の真実』）

教育内容は、一般教養基礎学（とは言え、戦争論や兵器学、築城学、薬物学、東洋史などもある）、外国語と世界情勢、専門学科は諜報、謀略、防諜、宣伝などと秘密兵器や暗号解読、実科では写真術や変装術、潜行法、開錠術、航空機操縦など。異色な学科としては食事作法があり、実戦用に空手術、

中野学校の模様（朝日新聞 2005 年 2 月 9 日から）

剣道、ピストル射法があった。伴繁雄も中野学校で爆火薬学などを教えるため、定期的に教壇に立った。

一方、一九四四年、遊撃戦の隊員養成は群馬県富岡町と静岡県二俣町で行った。教育期間は三カ月の短期。各期二四〇人。中野学校が七年間続いた中で卒業生が二〇〇〇人余りと言われているから、ゲリラ要員の速成はいかに戦局が不利となり、参謀たちが浮き足立っていたかを物語っている。彼らもまた「登戸」のスパイ兵器を所持し、アジアや太平洋地域、沖縄地方などに配置、忍者のごとく情報をとり正規軍の援護に当たった。敗戦後も潜伏して、ゲリラ戦の時期を待ち構える任務を負っていた。

スパイ兵器としては、例えばユニークなものとして、消えてしまう特殊秘密インキや開封技術、犬の追跡を薬品で「悦」に入らせて任務を忘れさせてしまう「エ」号兵器などがある。長期潜伏用の携行食なども、通常兵器とはまったくかけ離れた発想から生まれたものだった。

秘密戦器材

伴繁雄は秘密戦の研究をはじめたころ手元に役立つ資料がなく、スパイ小説や映画を参考にするしかなかった。先駆者としての自覚を強いられ、片っ端から内外を問わず関係書を購入、その代金はバカにならなかったと聞く。こうした努力の結果、敗戦直前には秘密戦資材全般をようやく体系化できたと記録している。その背景には欧米諸列強が「満州事変」、「日華事変」、アジア・太平洋戦争の長年月を通じ、あの手この手で秘密戦器材を使い、日本側が苦しめられたという事情がある。

こうした歴史の流れから、登戸研究所では秘密戦器材を四つに大別した。

一、　諜報器材
二、　防諜器材
三、　謀略器材
四、　宣伝器材

諜報器材には秘密インキやスパイカメラなどがあり、防諜器材には憲兵用が多く、謀略器材には爆破、殺傷資材や毒物、宣伝器材には印刷機や無線電話、録音装置、映写装置などを載せた宣伝用自動車や宣伝用アドバルーンがある。

伴は戦時中、東南アジアに何度も出張している。目的は詳細に書き残されていないが、秘密戦器材とともに現地に入り、登戸研究所員や中野学校ＯＢにその使用方法などを指導していたと伝えられている。

万年筆銃所持で処刑

［証言　伴和子／細川陽一郎］

「繁雄さんは研究所でいろいろな実験をしてきましたが、和子さんにはどのようにそのことを伝えていたんですか」

謀略兵器の中には殺人用もある。研究者としてどんな思いがあったのだろう、と石原は問いかける。

「カバンにカメラを隠してレンズ側に穴を開け、外が写るようにしていた写真を見たことがありますね。気になっていることは、夫が中国人に万年筆を持たせていたの。その万年筆は登戸で研究したもので、開くと銃になるんです。そしたらその中国人は、警察に捕まってしまって銃殺刑にされたんです。それを知って、俺は悪いことをしたなァって、悩んでました」

一二歳の時に母親を亡くした和子さんは三人弟妹の長女として甘えることも知らずに育ってきた。戦争が激しくなった一五歳の時、軍需工場に動員された。戦争の被害者でありながら加害者側でもあったという悔いが、夫の懺悔の言葉と重なったようだ。伴繁雄はこの事件だけでなく、研究所内では何度か部下が研究中に事故死していた。その都度、篠田所長は「次は気をつけるように」と穏便な言葉をかけるだけだった。それだけに伴は、二度と失敗しまいと研究に没頭していったようだ。

元所員の細川陽一郎さんは、配属先が転々としたため、各科の仕事内容について詳しくは知らないと語るが、登研の現実を見抜いていた。

「雑誌なんかによく載ってるスパイカメラなんてあるけど、あんなもの怖くて使えないな、って思っていました。偉い人が視察に来た時は棚に飾ったりするんですけどね。実際はバンドにはめて撮ったり、カバンに入れて隠しカメラにしたりして、ちゃんと使えたんですかね。使用するカメラは一般のカメラ屋から購入してましたし、外注でもつくってましたからね。研究所の中でつくってたわけじゃないんです。登戸はブローカーみたいなところですよ。ブローカーですね。僕なんか研究すると言っても遊んでましたよ」

と正直に心情を吐露する。秘密だと言いながら外注のカメラがスパイ用として使われていたとすれば、何のための秘密兵器だったのか、と疑いたくなる。

ライター型カメラとか、衣服ボタンがレンズになっている特殊写真機、あるいは超小型のものなどがあったが、満ソ国境付近の工作の場合は、広漠たる山野における特定目標、例えばソ連赤軍部隊の野営地、国境への物資輸送と集積場所などを狙ったのと、カメラを扱う者が未熟だったため、ほとんど一般市井で販売されていた写真機を利用した（『全記録ハルビン特務機関――関東軍情報部の軌跡――』西原征男著、毎日新聞社刊）。

さまざまな謀略兵器

かばん型・ライター型・マッチ型（箱をあけるとシャッターがきれるもの）などのかくしどりカメラや、腕時計・ネクタイピン・洋服のボタンなどにしかけたマイクによる盗聴器、かくしインキもつくっていました。

中をからにして秘密の手紙を入れ、つり銭のようにして渡す貨幣もつくっていました。携帯用の丸薬（仁丹）のケースの中を二つにわけて、丸薬が出る穴を二つあけ、片方にほんものを入れ、他方の穴からは青酸ニトリールのような毒物の「にせ丸薬」を入れておき、自分はほんものを飲み、相手には「にせ丸薬」を飲ませて、暗殺する器具もつくりました。

<放火謀略兵器>

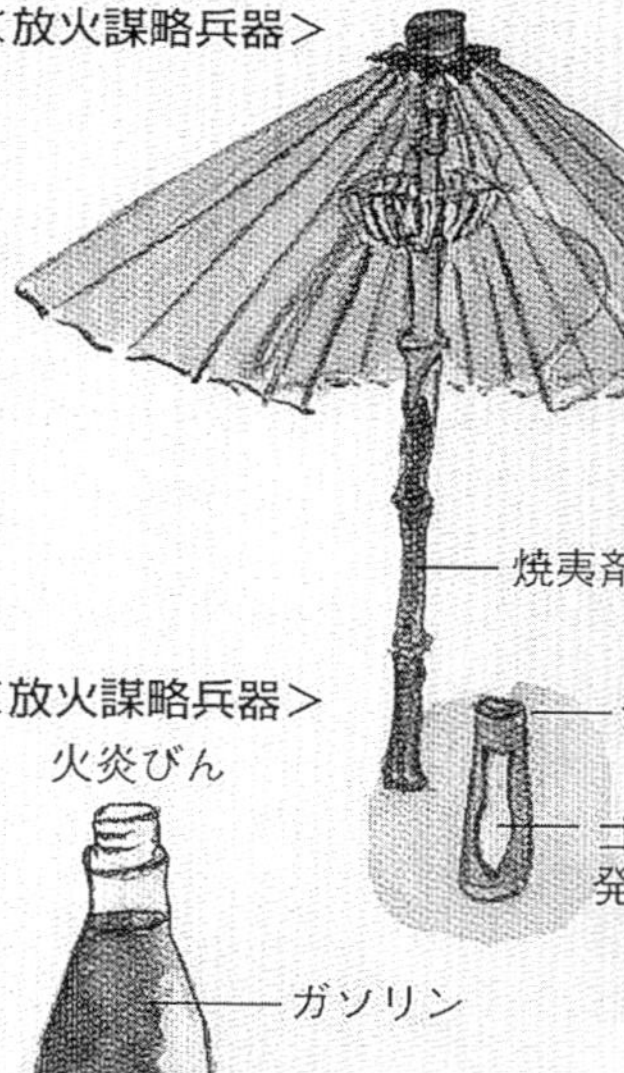

<ライター型カメラ>

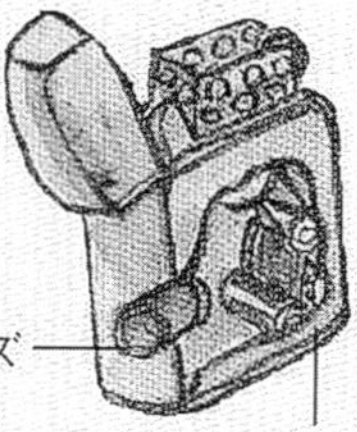

<放火謀略兵器>

火炎びん

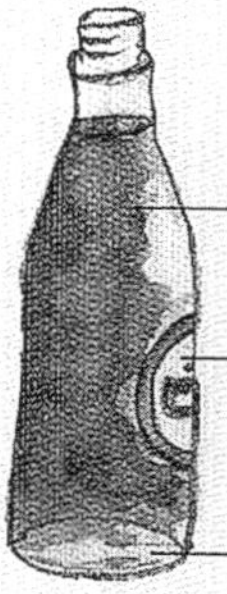

<カバン型カメラ>

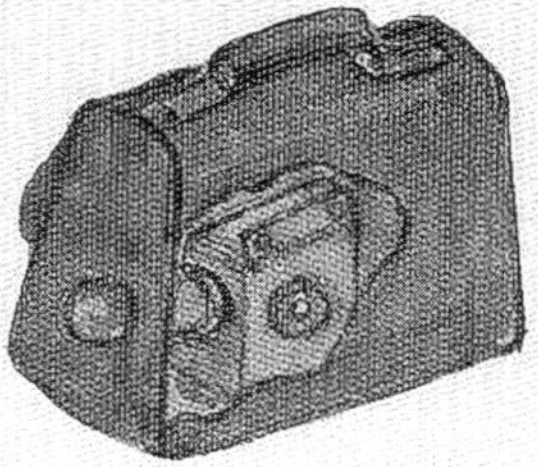

イラスト・宮永享子さん

姿の見えてこない篠田所長

「思いやりのある、優しい言葉をかけて下さいました」と、篠田鐐所長を語る元女性事務員は多い。河本和子さんは、「閣下」と呼ばれる地位にありながら目下の者でも女性でも等しく礼儀正しく、誠実に対応していたと思い出す。学究肌であり、十代の所員には夜学や専門学校に通わせ、学問や技術を身につけさせようとした点は、戦時下でありながら特筆すべきことだ。登研を語るには、この人について踏みこんだ取材がなければ不公平になるが、今では書き残したものがないため、伴繁雄がメモに残した「略歴」を引用する。

［篠田鐐の略歴］

明治二十七（一八九四：引用者以下同）年愛知県海部郡出身。大正十一（一九二二）年陸軍士官学校卒業。同十三年東京帝国大学工学部修学後、ロンドン大学に留学。帰国後工学博士号を受ける。昭和二（一九二七）年陸軍科学研究所にできた秘密戦資材研究所の室長となり、昭和十四（一九三九）年陸軍第九技術研究所所長、陸軍大佐。昭和二十年陸軍中将。

ロンドンに留学して身に付けた自由主義や紳士的マナーは帰国後、荒んだ軍国主義とは一線を画し、所員が研究に没頭できるための環境を所内につくり上げた。残酷で意味のない軍隊式懲罰は行わず、研究員には独創性を求め、専門技術や学問を学ぶ時間を与えた。そこには、登研の第二世代をつくる考えもあったようだ。通常はサラリーマンと同じように、平服で通勤、余計な緊張を持たないよう配慮した感がある。

エピソードの一つにこんな話が耳に入った。登研には軍馬で出勤していたが、ある日、軍刀をつけ忘れてきて、部下に指摘された。それほど軍隊式が嫌いだったという。

篠田所長の理念

伴繁雄は次のような「メモ」も残している。少し長いが引用する。

篠田所長は軍人というより、学者がふさわしく、工学博士の学位を持つ東京帝大の講師でもあった。ロンドン大学に留学の経験があり、イギリス型紳士でかつ冷静なテクノクラートであった。

東京帝大では工学部主任教授厚木勝基博士の愛弟子で、日本の繊維学会で最高権威者として令名が高かった。

資性温厚寡黙。学者肌のその人柄を敬慕するものは、筆者ひとりではなかった。一九年間の部下であった筆者は、再三の事故という失態を演じたが、そのつど「今後は十分注意し、二度とおこさないよう心掛けよ」とだけの説諭を受けたことは忘れられない。部下に対しては常に寛容な上司であり、研究所では自由啓発主義、自己管理主義を貫く指導方針をたてられた。

　こうして、研究課題が与えられると、まず内外文献にあたる基礎研究を始め、当初は三カ月から六カ月間、図書館で勉学に終始した。研究計画と研究項目を呈示し採択された後、本格的実験に入ったのであった。しかし、研究業務は超過勤務が多く、上司が退出するまで下僚の者は勤務を続けるのが習慣で、宿直以外の手当てはなかった。

　篠田所長は、常に、秘密戦兵器の研究方針と研究計画としての基本理念は、次の通りでなければならないと、強く説示された。

1　世界の秘密戦、情報戦、謀略戦に対し、技術者として、まず欧米各国の技術的情報の収集に専念せよ。
2　各種の技術情報を総合し、分析し、評価し、たんなる「インフォメーション」でなく「インテリジェンス」化を実施せよ。
3　満州事変以来、秘密戦期間の技術研究は、防諜→諜報→謀略→宣伝の順序として体系化するが、諜報、謀略をプライオリティ（優先順位）とせよ。
4　研究業務の遂行にあたり、いかなるテーマでも基礎研究と応用研究を共に実施し、時には研究プロジェクトチームの構成と、その手段、方法を明確にして、最終目的を達成する。
5　今日は「アイデア」と「イマジネーション」時代であることを考え、努めて研究予算を削減し、R・D時代にふさわしい研究開発を実施し、新規性、独創性兵器の出現に一層努力せよ。
6　研究計画は、長期計画と短期計画とに明確に二分し、前者は将来性ある「ライフサイクル」

の長い新兵器に、後者は即効性を期待し得る新兵器の目標とする。

7　技術革新の今日に即応するため、〝明日に挑む新技術・新兵器〟を「キャッチフレーズ」として、自主技術の開発を主目標とし、従として、産学共同による大学、公的機関の技術的指導・協力を積極的に求め、可及的に迅速に優秀な協力工場の量産生産を目標に、新兵器の出現に努力する。

篠田所長の勧めにより手がけることになった秘密戦科学の体系化には、米洋書の収集が先決であると考え、個人的に丸善洋書部と特約した。科学鑑識・科学捜査・現場検証法・死因の判定・指紋・足跡・血液・銃器・火薬・爆薬・写真鑑定・文書鑑定・火災鑑定・裁判科学鑑識・麻薬鑑識等の単行本と、いわゆるスパイ小説類をできる限り収集に努めた。

入所当初は薄給のため、洋書の購入は困難であったが、結婚後は実家と養家先両家の遺産によって充足できた。少しずつ調べてまとめた秘密戦資料集は、研究所内外だけでなく、陸軍参謀本部・憲兵司令部・憲兵学校などの機関に配布され、高評を得た。そうした苦心の結晶も、終戦当日草場少将と共に上京出張中、全部焼却処分されたことは残念であった。

終戦後、落ち着きを取り戻すと、半ば病的といってもよい文献収集癖が戻り、今日までやむことはない。これは、科学研究所入所以来「根気よく続けて文献を集めて調べよ」という篠田所長の教えをひとえに守っているからである。

篠田は空襲で実家が焼かれると登研の近くにある丸山教会に部屋を借り、一時期、一人暮らしを始めた。夜、布団を敷くのは近隣に住む女性事務員だ。交代で当たったが、誰に対しても「ご苦労さま」と篠田は礼を述べた。ある日、当番に当たったタイピストの奥原タミさんは、「戦争が激しくなってから、この近所の人たちが丸山教会にお泊りになっていた閣下のお布団敷きに行きました。お茶を出して引き揚げる私たちにお礼を言われました。でもね、戦争中だったけど、やっぱり羽根布団でしたね」と思い出す。軍人としては優しく威張らないことで尊敬されていた篠田ではあったが、窮乏生活を送っていた庶民からすれば「羽根布団」は、政府が「贅沢は敵だ」と喧伝していたモットーに反していた。

軍産学体制の〝特攻研究員〟

元登戸研究所の所員自身が戦後に当時のことを記録し、出版物として世に送り出した本は三冊。地方出版物は私の目に届いていないが、伴繁雄の『陸軍登戸研究所の真実』、三科の元陸軍主計大佐、山本憲蔵の『陸軍贋幣作戦』（徳間書店）、それに新多昭二の『陸軍登戸研究所の青春』（講談社文庫）である。

新多さんには石原たみが再三取材の申し込みをした。会って話も聴いているが、カメラに映るのはダメだと拒否され、貴重な証言映像が撮れなかった一人である。新多さんの略歴は著書には「一九二七年広島生まれ。四五年京都帝国大学工学部・戦時科研究養成機関を卒業。陸軍登戸研究所勤務」とある。戦後は無線技術学校設立とかエレクトロニクス研究所設立など、業界の基盤づくりをしてきた功績者である。登研に一九四五年四月から敗戦の八月まで僅か四カ月ほどしか勤務していないが、他書にはない証言がある。

――新兵器開発を急いだ政府や軍部は、科学技術者養成を開始、「急きょ適性があると認められた旧制中学や専門学校の若者は学徒動員令を解除され、各地の帝大に集められて特訓が始り〝特攻研究員〟とでもいうようなスパルタ教育を受けたあと、軍の研究所や大学の戦時研究部門に送り込まれるようになったのである」

ここには軍産学複合体国家に大きくスライドしていった状況が炙り出されている。

新多さんは上京し、登戸研究所に就職するのだが、周囲はどんな様子だったのか。

「小田急線の登戸の駅に着いたものの、さて目的の研究所とやらが、どこにあるのかさっぱりわからない。学務課でもらった地図が、どうにもこうにも曖昧で、さっぱり役に立たないのである」で、地元の人が教えてくれた丘の上に向かって歩いてゆくと、「それらしき建物の入口に『登戸研究所』の文字。やれやれ、やっと着いた。『登戸研究所』と聞いていたが、おそらくここに相違あるまい」

四科に配属された新多さんは、科長の京都帝国大学電気工学出身の少佐の姿を見て、「軍服を脱げば誰も軍人とはまず思うまい、という風貌だ。そういえば、誰も彼もが妙に軍人らしくない。なんとなくほっとした」と記している。

昭和生まれの新人所員は少なく、最後でもあった新多さん。つまり、すでに地方への疎開が始まり、資材も乏しく、所員を増やす必要がなくなっていた状況が見えてくる描写だ。

第四章　僕は風船爆弾を飛ばした

多摩川で気球の自爆実験

［証言　太田圓次］

東京と神奈川の県境いを流れる多摩川。江戸時代から鮎漁が盛んで早朝に獲った魚を江戸の魚市場にひとっ走りして売りにいった歴史がある。戦中、戦後も、川が汚染されるまで庶民の生活と深くつながっていた。私も世田谷の三軒茶屋に住んでいたので、東京大空襲が始まる前は、玉電でよく兄と泳ぎに行ったり釣りに行ったりした思い出がある。

太田圓次さんは多摩川は幼少期から遊び場だった。ところが登研時代には多摩川は爆薬の実験場となり、命懸けの仕事に従事させられた。その「現場」で二〇一一年四月末のいかにも春うららの日、太田さんの証言を撮った。聞き手は私、カメラは長倉徳生。

太田「実験の日は旗を立ててね。民間人は絶対入れない。爆薬の実験とい

太田圓次さん、多摩川で

うより正しくは風船爆弾の導火線の水中実験なんです。つまり、風船爆弾は気球本体に証拠隠滅用の自爆装置を付けていて、懸吊（けんちょう）した爆弾を落としたあと、導火線の最下部が発火して一九・五メートルある導火線のてっぺんで起爆する装置なんですね。爆薬は高性能の黄色火薬、約一キログラム。発火から爆発まで一時間二〇分余りかかるんですが、水中でも爆発するよう、導火線にゴムを巻いたりしてるんです」

――ということは、洋上に落ちても自爆して証拠が残らないってことですね。

太田「そうです。実験は導火線の太さや長さを変え、川の中でどれくらいの時間がかかって爆発するか、陸上ではどうかと、いろいろやりました。でもね、実は風船爆弾のことは知らされてなかったんです」

――事故はなかったんですか。

太田「一度、陸上での実験の時、爆発しなかったんですね。規定としては一五分待機することになっているんですが、それが過ぎても何も起きなかったんで近づいていったら突然爆発して吹っ飛んだことがありましたよ。怪我はなかったんです」

――周囲の住民は、ドドーンなんて音がして、驚いて集まってきたりはしなかったですか。

太田「それはないです。まわりに民家はほとんどなかったですから」

――今のこの多摩川の様子とはだいぶ変わりましたか。

太田「……川幅がまったく違いますね。昔は水流も多く川幅も広く、とうとうと流れてましたね」

実験は一九四三年冬だった。風船爆弾の構想は、着々と現実の兵器へとすすめられていたことがこの実験から見えてくる。この時代、多摩川は日常の中に〝戦場〟が滑りこんでいたとは人々に知らされていなかった。四歳だった私は、そのわずか数キロの上流で兄と川遊びしていたのだが噂すら聞いたことはなかった。

気球紙の小川町

埼玉県小川町は東京に最も近い「和紙の里」として名高い。外秩父山地に囲まれた一帯には八世紀頃から和紙づくりが始まる。江戸時代、小川町には七〇〇軒余りの紙漉き業者が、紙の需給を果たしてきた。明治、大正期には、紙漉き屋は一〇〇〇戸にも及んだという。

昭和に入り、陸軍が兵器として紙の気球を利用できないかと発案するや、小川町の紙産業は一大発展していった。その歴史の胎動について小川町役場の広報（一九九〇年八月号）に記事がある。一部転載する。

昭和八（一九三三：引用者）年、東京・日本橋の陸軍省出入りの紙問屋、小津商店からの依頼を受けて、小川町の紙問屋、新井商店は、下小川の関口実平氏と久保善八氏に細川紙と違う、極めて薄い和紙の試作を注文しました。成功させるまでには、家族との険悪な状態が生じるほどの苦労を重ね、数年の月日を要しました。

むこう側がすけて見えるほど薄く、しかも気球に完成させたあと、充てんする水素が漏れず、なおかつ遠距離、高空の飛行に耐えうる強さを持つ和紙を漉く技術は、相当に高いものが要求されました。

小川の和紙が気球紙に選ばれた理由は、地理的に東京に近いという以上に、繊維の長い楮(こうぞ)だけを原料にした小川特産の細川紙こそが気球にふさわしいとのことでした。

紙問屋を仲介として、気球紙を命じたのは「近藤至誠」なる元軍人……小川では現役の中将と受け取られていますが、小津商店の岡村政三さんは、風船爆弾を研究するため進んで軍籍を離れた「一民間人」と手記に明記しています。しかし、その人の素性はほとんどわかりません。

昭和一九年五月に、同年一〇月までに一万個のふ号兵器を準備する旨が決定し、小川を含めた七県一一産地が気球紙生産の指定を受けるまで、小川だけが携わっていました。

最後の気球紙職人

［証言　笠原海平］

軍の高い要求に応えるため、小川町の紙漉き職人は技を競い合い、彼らを親方とする少年たちも次代を目指して学校が終わると仕事場に走った。現在も小川町に住む笠原海平さん（八七歳）は少年時代から紙漉き職人の下に付き、特別な技を身につけるべく励んできた。現在では気球紙の技術をもつ者は笠原さんだけになってしまったという。昭和元年生まれだというからじき米寿を迎える。

取材は自宅の事務所で行った。

「これが俺だよ」

いきなり集合写真を見せてくれた。少年時代に奉公していた小宮紙店での記念写真だと言う。店主とその家族を中心に男女が三段に並ぶ。白い割烹着を付けた中年女性たち。小宮と染め抜いた印半天の男たち、戦闘帽を被った青年たち。その中にネクタイを締めた背広姿の若い男。店主以外、背広にネクタイ姿はいない。笠原さんの指はその若者を指す。

――いくつの時の写真ですか。

笠原「皇紀二五〇〇年の祝いの年だったから昭和一五（一九四〇）年。一五、六歳だな」

――もう立派な大人ですね。

お世辞ではなく、私は驚いて率直に言った。頭髪はポマードをつけ、七三に分けた、一九三〇年代以降に世界的に流行したリーゼント・スタイルだ。紙問屋に勤めている一五歳の少年が、なぜこんな格好を許されるのか、と疑問に思った。一般的には丁稚の身分である。

上、円内が笠原海平さんの若かりし姿、下、取材時

「もう、芸者買ってたよ」

笠原さんはちょっと自慢気だ。

小川町に陸軍が落とした金はどれくらいかは推定できないほどだが、町の繁栄は外からの商人を呼びこみ、

槻川での楮のさらし、楮もみ、楮のちりとり　（山下勝三氏提供）

宿場町の様相を呈し、色町も栄えていたという。

「僕は一五歳で紙漉きの職人になっていたから、一二〇円の給金をもらっていたよ」

登研でインタビューした山田愿蔵さんが「お金オンチになっちゃった」と当時の月給について話していたが、それが七、八〇円。較べるまでもなく、一五歳にしては超高給とりだ。

「小川は戦時中は四八〇戸だな、紙づくりに専従していたのは。農業で飯が食える家は二〇から三〇戸くらい。あとは全部、紙です。それはこの一帯に流れる槻川（つきかわ）があったからこそできたんですね」

——楮はどこから持ってきたんですか。

笠原「土佐の楮が本当に多かったですね。土佐のものは長繊維。繊維が長い。だから強い和紙ができる。その強いものが欲しかった」

後日、カメラの長倉徳生と小川町を再訪。撮影場所を戸外に変え、笠原さん宅の裏手に流れる槻川を背景に、あらためて笠原さんにインタビューをお願いした。

「紙漉きの仕事は最初、楮の皮むきですね。その皮を川に漬け、足で揉むんです。煮てないものですね。こういう作業は子どもたちがみんな手伝わされたんですね。年寄りは楮のちりを取る仕事。若い者は紙を漉く。それを中年の人々は板に貼って天日干しにする。それぞれの年齢に応じた仕事があったわけです」

「しかし、気球紙をつくる場合は誰でもできるというものではなく、一部の人の特殊な技術を必要としたんです。要するに小川町に新井商店という問屋があり、そこの関口実平、久保善八、という技術屋だった人たちによって、風船爆弾の薄くて強い紙がつくられていました」

「私は青木商店という紙の店に奉公に入り、そこの主人と一緒に努力して技術を高め、その紙を小津商店に持っていって認められ、そこから軍に納められるようになったんです。ですから給料を高くもらっていたわけです。その三年後に勤めたのが小宮紙店です。そこでも一二〇円で雇われて主人に喜ばれる仕事をしたけれども、昭和一九（一九四四）年の二月、兵隊にとられました」

向かった戦地は中国だったが、人を殺さないで帰ることができたという。

一方、笠原さんが出征した頃、小川高等女学校の生徒も短期間だが貼り合わせ作業にかり出されていた。結局、小川は地域全体が風船爆弾に狩り出されていたことになる。ところが、一九四五年四月に「ふ」号作戦の中止命令が出たが、地元には何の通達もなかった。

こんにゃく糊のゲル化研究

［証言　畑敏雄］

群馬大学前学長の畑敏雄さん（九八歳）が住む東京・練馬区の自宅を訪ねたのは、二〇一〇年のクリスマスイブが目前に迫っていた日だった。暮れの忙しい時に取材を申し込むのは迷惑になるのではないかとためらったが、正月明けでも同じことだと考え、アポとりの電話をかけた。間もなく白寿を迎えるご高齢だったうえに、病み上りと聞いてはいたが、一時間程度ならということで取材の承諾がもらえた。しかし、インタビューは約束時間をオーバーして二時間余りになった。

二週間後の大晦日、まさかの訃報がご家族から届いた。正月早々、私と長倉は葬儀に参列したが、語り継いだことで命を削ってしまったのではないかと、御遺影を前にお詫びし、感謝を述べた。そして、あの時代の影に隠されている潜像を、一刻も早く記録するため、ひとりでも多くの人の口から証言をとりたいという思いは、この機に一層強くなった。

一九四〇年、東京工業大学応用化学部を卒業した畑さんは、四三年に同研究科を修了する。同大学卒業後は軍の嘱託となり、風船爆弾の研究にたずさわる。

「私は接着剤について研究してきたからね、B29の空襲があちこちで起きるようになると、撃墜した機体の操縦席にあるフロントガラス、防弾ガラスがですね。どんな接着剤を使って間に入っている軟らかいフィルムと数枚のガラスを貼り合わせて厚くしてあるのか、それを知ろうと研究してたんだ」

「あの頃ね、東京工業大学は東京帝国軍事大学って言ってもいいようなね、誰もがそこらの軍関係の嘱託になってたんです。そうならないと薬品も実験道具も手に入らない。研究費もまわってこない」

新多昭二さんが著書の中で記述している「国策研究に従わなければ干されてしまうという〝特攻研究員〟の現実」に、畑さんも立たされた。戦前の学生時代には思想統制の弾圧の網に掛かり、牢獄につながれ、拷問も受けた。しかし、戦時下、軍の上層部からの命令には応えなければならなかった。

「あの頃はヘリウム、水素ですけどね。水素が足りなくてね。私が引き受けた研究というのは、水素を通さないようにする材料の水素の透過性、通らない材料の水素の洩れを調べるんです。机の上にマノメーター（気体の圧力計）を置いといて、こんにゃくの主成分であるこんにゃくマンナンを三％水溶液にする。それをある一定の条件で、石灰を使ったり蒸気を使ったり、温度を変えたりして、ある範囲内、例えばビーカーであるとか試験管であるとか、その中で実験を行ったんです」

「ある日、水素の洩れ方を調べているうち、フラスコを覗いていたら突然破裂して眼にガラスの破片が刺さったんです。病院の応急処置を受けて翌日は眼帯をして片眼で実験を続けました。そんなにお国のために尽くそうなんて、普段考えていたわけじゃないんですが」

畑敏雄さん

「ある条件がそろった時、こんにゃくマンナンの水溶液が全ゲル化することがわかった。上の一部に水蒸気が残っているとか下の方とかがゲル化してもダメなんです。全部ゲル化して、はじめて強力な接着剤になる。薄いのを塗ったらどうとか、濃いのを塗ったらとか関係ない。強度を保っているのは糊ではなくて貼り合わせた何枚かの和紙。和紙の繊維の力なんです。しかも、ほとんどが糊は水だから水素を通さない」

「登戸研究所の施設も使いました。低温室といってマイナス三〇度に室温を下げた部屋があって、そこに防寒具なしで私自身がビーカー持って、一〇分間程度で出たり入ったり。大学にはそんな施設はなかったですからね」

――海軍でも風船爆弾の研究をしていましたが……。

畑「海軍の気球は絹の羽二重にゴムの糊で貼り付けていた。これは水素がスースーとおり抜けちゃう。陸軍の場合は和紙。こんにゃく糊は私が発見したが、両方とも日本的。しかもアメリカに向けての放流は風まかせってんだから、ますます日本的だ」

ふっと畑さんの笑顔が途切れた。

「あのデーター、役に立ったのかなぁ」

真顔になって畑さんは宙を睨んだ。その先に何を見ていたのだろう。

最終決戦兵器

戦況悪化の一九四四年、太平洋の島々では日本軍は陸軍も海軍も逃げ道のない敗退へと転げ落ちていった。一〇月二五日には海軍は神風特別攻撃を出動させ、米艦隊に体当たり攻撃を行い、また「震洋」や「回天」、「海竜」などの特攻艇、あるいは人間機雷「伏龍」など、多くの若い命を散らせた。資材も人材も乏しい状況で戦争を維持する方法は、日本的なもの、つまり、竹槍、陶器爆弾、木製爆弾などがつくられたが、ソ満国境から飛ばそうとしていた関東軍の「ふ」号兵器（成果ゼロ）とは別に、和紙とコンニャク糊で〝渡洋爆撃〟を敢行するという、陸軍の〝最終決戦兵器〟の風船爆弾戦法が大まじめに決定されたのだ。風船爆弾開発の最高責任者である草場季喜技術大佐（のちに少将）が、登戸研究所第一科長として任務にあたった。

僕は風船爆弾を飛ばした

〔証言　太田圓次〕

太田圓次さんが千葉県の一宮町に動員されたのは一九四四年二月一日。ここで三月末までの二カ月間、二〇〇発の風船爆弾の試験放球を行った。南房総半島とはいえ、冬の冷たい潮風が吹きまくる海辺で、霜焼けと空腹に悩まされながらの任務だった。だが、太田少年たちの命懸けの作業を見守っていたのは、陸軍の「ふ」号作戦関係者だった。三月末日、彼らは合同会議を開き、試験放球の結果次第で「ふ」号作戦にゴーサインを出す予定になっていた。

太田「その時は『ふ』号作戦に参加するって言われたけど、何のことだかわからなかった。説明がないんだから。で、部隊編成があって、その中に見習い工員が十数名選ばれて編入になった。私もですね。そうするとこれを着ろということで〝一装備〟（軍隊用語。作業服だが新品の制服めいたもの）の〝軍服〟を渡されたんですね。腕のところに一〇センチくらいの軍属の赤いマークが入った印章が付いているんです」

軍属とは、軍人ではないが軍に所属する文官あるいは文官待遇者などを指す。

「二月一日、両国駅に集合しろ、遺書を書いていって。それだけ言われて、どこへ何しに行くのか全然説明がない。あの時代は質問なんかできなかったからね。絶対服従です。その日の朝は暗いうちに近くの神社にお参りにいってから、父母に知られないよう遺書を書き、仏壇の奥にしまって両国駅に向かいました。両国でも説明がない。車窓はブラインドを下ろしてるからどこに向かって走ってるのか、見当がつかない」

「着いた駅はたしか上総一ノ宮。今もありますかね。駅から隊列を組んで海岸に向かう一本道を歩いていきました。二〇分か三〇分。川を渡った先の旅館が私たちの宿舎となったところです」

地図で調べるとこの川は「一宮川」である。当初、太田さんは旅館の名前を忘れていたが、のちに「木島旅館」だと思い出す。後日、確認の電話をかけてみると、少年兵のような若者たちがたしかに泊まっていた、と当時、旅館の娘さんだった方から証言を得た。

「宿に着くと、そこではじめてアメリカ大陸に飛ばして攻撃をかける風船爆弾のことを聞かされたんですね。早速、翌日から幌のないトラックの荷台に分乗、ガタガタ揺られながら海辺に沿った道を二〇分くらい走りました。そこにはすでに使用されていたと思われる発射台、と言っても台があるわけではなく、ドーナツ型のサークルにコンクリートを敷いた直径一〇メートルくらいのものですが、水素ガスの送風管が引かれていました」

直径一〇メートルの風船をふくらませるには、水素ガスのボンベを三〇本くらい注入する。

次に、風船が浮き上がってきた時に最下部に爆弾を吊るす、「懸吊」の任務が太田さんたち二科の者が行う。

懸吊のタイミングは難しかった。しかも最初のうちは気球に付いている一九本のヒモを繋留する金具がなく、一九人の軍属たちが手で引っ張っていた。銚子沖から吹きつける風は強く、気球はバッタンバッタンと揺れながらふくらんでいった。

「ある時なんか、見ればわかるのに、馴れてない上官がまだふくらんでいないうちに『発射!』なんて号令かけたもんだからから、上昇しきれないで風に煽られて横っ飛びして爆弾を引きずって茂原の街の方に飛んでいっちゃって。追っかけましたよ、ハサミ持って車でね。あたり一面、畑だからさ、農道を走るわけですよ、くねくね、ガタガタ。追いついて導火線を全部切った。爆弾を引きずると導火線に火が点くこともあって爆発しますからね。大変なんです」

当時の上総一ノ宮駅

実際、その年の一一月三日、本格放球の初日に茨城と福島の放球基地では爆発事故が起き、合わせて六名の兵士が亡くなった。ちなみに一一月三日は、当時は明治天皇の誕生日。祝いごとの意義をもたせようとした。

太田さんの体験談はつづく。

「懸吊が終わると私どもは、気球の観測班に早変わりするんです。箱に入った観測機械を背負ってですね。僕ら工員二人、下士官一人、将校一人。全部で四人がひと組になって『風船』を追いました。ひとりが『風船』が見えなくなるまで機械を背負って走り、ひとりが水平角と高度角を測り、それを下士官が記録する。隊長は上を見ていて、もういいんじゃないかとか、もうやめようって命令するんですね」

「私どもより気球班の一科は大変でしたね。折り畳んで木箱に詰めてある気球を放球台まで運ぶんですが、四人で担いでましたよ。六〇キロ以上あるでしょう。何度も往復していました。それから太い送風管も風船爆弾に注入してね。水素ガスが詰め終わるのに一時間かかりますからね」

戦後であろうか、米軍側が現地調査や捕獲した風船爆弾を参考にして描いた風船爆弾放球の絵図を指し示しながら、太田さんは「水素をパンパンに注入したら、上空で気圧が減って破裂します。だからこのマルマルとした気球のイラストは嘘」と指摘する。

「実際は地上では七〇〜八〇％くらい気球に水素ガスを入れて、それでもって浮き上がっていくということで、空に上がってゆく姿はクラゲのようにブカブカ状態で飛んでった、というのが本当です」

実験台にされた少年たち

他には通信隊（気球部隊が編制される前なので「通信班が正確な呼び方のようだ」）があった。風船爆弾に付けたラジオゾンデ（上昇気流を観測し無線で地上に送信する装置）から受信、その軌跡を標定した。標定所はこの段階ではどことどこに置いてあったか定かではないが、太田さんの証言では「青森」まで追ったと言ってるので、同県「古間木」と思われる。最終的には資料によると、本部は宮城県魚沼に置き、古間木、及び千葉の茂原、樺太（サハリン）の敷香（現ボロナイスク）に設けられていた。

各標定所には二〇〇メートルのアンテナが設置され、ゾンデの電波をとらえる方向探査機も運びこまれた。

試験放球班は軍属ばかりで「兵隊はいなかった」と言う太田さん。その話から想像すると、ひとつ間違えば大事故になった試験放球は、少年工員たちをモルモットがわりに使ったとしか思えない。「遺書」を書いておけとは、軍には事故の予感があったと思われる。幸いにも事故がなかったため、三月末の合同会議はゴーサインを出したのではないだろうか――。

いずれにしてもさまざまな任務を必要とする気球部隊には、さまざまな部隊が関与したため、統率のないバラバラな部隊でもあったようだ。しかも軍隊には酒と女が付きものになっていて、ここ一宮でも各班の指導的立場にある将校たちは高級な「一宮館」に泊まり、夜は料亭などで遊んでいたと地元住民が話す。

「到達ニュース」の真偽

一方「軍属」とは名ばかりで、太田さんたち工員は寒さと粗食の日々だった。寝具は毛布三枚だけ。一枚の敷き布団に二人で寝た。相手が風邪で熱を出しても他に行けず感染。それでも作業に出なければならず、寒風にさらされて耳まで血がにじむほどの霜焼けになった。雪の日は軍手で放球台の積雪を〝雪かき〟させられた。人海戦術である。将校はと言えば、テントに入って見ているだけだった。食事は「イナの勘太郎」だよと嘆く。若いいなだを蒸したものが定番メニュー。味付けは塩だけ。また他におかずらしいものはなく、飯だけはお代わりができた。休日、海で貝や魚を獲ってくると上官に全部没収された。そんな中で、近隣の老母からもらったふかし芋が忘れられない。また、飛ばした風船爆弾がアメリカに到達したというニュースが入り、栗まんじゅうを一個ずつ配られて食べたことがあった。「うまかったなぁ。忘れられない」と、太田さんは懐かしむ。

だが、このニュースは「現場」を盛り立てるためのデッチ上げではなかったかと推測される。なぜなら、一九四四年一一月四日、太平洋上に漂流していた風船爆弾が発見（この時点では正体不明）されているが、その以前は風船爆弾が到達したというニュースは流れていなかったからだ（一三二頁参照）。

ところで太田さんたちが、二カ月間滞在した木島旅館は一宮川を渡った先にあった。とすると、一宮海岸の放球基地に行くにはこの川を渡らなければならないのだが、川は渡った記憶がないと言う。しかも、海岸名はとたずねると、「轟(とどろき)だったと思うなあ」と自信なげだった。とにかく現地に出かけて調べることにした。

一宮海岸の放球基地へ

［証言者　秦聖佑］

太田圓次さんが試験放球で二カ月間滞在したという上総一宮に出かけ、太田さんたちの足跡を辿ってみようと考え、二〇一一年一二月某日、この日は私ひとり。とりあえず調査のつもりで出かけた。ビデオカメラと三脚を持ち、初めて上総一ノ宮駅に立った。

六七年前、太田さんたち工員が駅から海に向かって歩いたという一本道を私も歩いてみた。徒歩取材の理由は土地鑑をつけるためもあるが、太田少年の姿をイメージしてみたかった。

取材の目的は三つ。放球基地があった一宮海岸を撮影する、木島旅館と一宮館を探す、証言者として秦聖佑さんに会う。一宮は津波が来たら逃げられないのではと思うほど、標高三〜四メートルの台地に田畑が延々と広がっている（実際、「三・一一」の時、津波の被害が出ていた）。

まず、一宮町教育委員会に行き、秦聖佑さんの現住所を確かめ、電話をするも不在。自宅を訪ねるとちょうど畑から昼食で戻っていた息子さん夫婦から、「今日は風船爆弾の話をしに木更津自衛隊に講演を頼まれて出かけている」と言われる。戻られたら私の携帯に電話を、とお願いして一宮海岸に向かう。

冬場のせいか、波うち際には網を投げるひとりの老人の姿しか見えない。風もなく、晴天だが、波は荒々しく弓なりにつながる鉛色の砂浜に打ち寄せている。こんな環境で風船爆弾を放球するのは危険ではなかったのか、と考える。土地の人の話では、砂浜は昔、もっと広かったそうだ。明治期には「東の大磯」と言われたほどの別荘地であり、戦後バブル期は〝南房総の軽井沢〟というふれこみで多くの別荘が建った。そのために砂浜が削られたとか。元来、ここは皇族をはじめ、社会的地位や財力のある人たちが、別荘を持っていた土地であった。

携帯が鳴り、秦さんが事務所で待っていると言う。日没がはじまっていた。急いで秦さんの事務所に向かう。入口には、「自然海塩製造販売所」と書いた看板があり、秦さんは奥の建物で待っていた。

秦さんについては、『風船爆弾秘話』（光人社）の著者である櫻井誠子さんが出会った記録を載せている。同書には「秦は風船爆弾を身近に見た一人で、戦後、アメリカから風船爆弾調査団の視察があり、その後、再度来訪した調査団の責任者夫婦を現地に案内している」と記し、放球された風船爆弾があわや爆発しそうになった話や、放球台のコンクリート部分を戦後砕いて自宅前に埋めこんで利用したという話が続く。

秦さんに「あわや爆発」の話をたずねてみた。

「昭和二〇（一九四五）年二月頃だったが、私が中学二年の時です。自宅前の松の木に風船爆弾が引っかかっていたんです。驚いてみると導火線が点火して燃えている。懸吊されている爆弾も砂袋もついてなかったけどね。こりゃ危ないって逃げようとしてるところに兵士たちが駆けつけてきて、『タバコ喫うな、タバコ喫うな』って叫んでるんです。で、火の点いたところを切り離して回収していきましたよ」

外はいつの間にか夜の闇になり、あらためて出直してくることを約束して帰途についた。

一宮の放球台は七カ所か

翌年三月、一宮を再訪。

少年時代に村で唯一人、基地の中に入り、防風壁（一五〜二〇メートルの高さ）にのぼって手づくりヒコーキを飛ばしたことがあるという秦聖佑さん。秦さんの目撃では放球台は七カ所だったと言う。案内をお願いして、人気のない別荘地帯を一宮川の側から南に向かって歩いた。

まず、一番手前には兵隊が寄宿していた廠舎（しょうしゃ）があった。ここでは戦車の実弾射撃の演習もやっていたという。戦車の弾丸はボロ屋（鉄屑などを扱う）でよく売れたそうだ。

放球基地跡には空き地があちこちにあり、そこには雑草が生えているが、秦さんは「このあたりとこのあたり」と土の下にかくれていた放球台の跡を探しあてる。

秦「こんなきれいな砂なの。こういう所だから砂利とセメントがあれば放球台のコンクリートができちゃう」

地表に開いたモグラの穴のまわりは白っぽい砂が盛り上がっている。

――放球台の面積はどれくらいですか。

秦「外周が一二メートルくらい。その内側にセメントを張ってね。ドーナツ型に。そのくらいの大きさがボコボコできていたんです」

秦聖佑さん

直線にしておよそ二〇〇メートル。「ここに一カ所、ここに一カ所、全部で七カ所」と、そのつど指で示しながら放球台跡を数えて歩く。

――防風壁の高さは。

秦「あの二階家の屋根よりも、もっと高かったなぁ」

一五メートル以上はありそうだ。後背地は土盛りされていて黒松が並ぶ。防風林を兼ねた基地の目隠しで、住民は外部から覗き見することができない。しかも、ここも憲兵が見張りしていた。

「要するに、銚子の犬吠岬の先からまともに洋上を吹いてきた風が、一宮の海岸にぶつかる。そのため、ものすごく砂が風に運ばれて積もり、海抜七メートルの山をつくって、それが現在は津波避けになっちゃってる。で、その風の強いところに三カ所、防風壁が立っていたんです」

風船爆弾の放球は風のない日が「いい天気」だ。風でバタバタ揺れる風船と水素ガスを注入する兵士たちの格闘が、バブルで出現した別荘地の上に幻のように立ち上がる。

――どうして秦さんだけ基地の中に入れたんですか。

秦「私の姉が美人だったもんで、兵隊が会いたがってた。まぁ、私に目を掛けることで、会うチャンスをつくろうとしたんじゃないですかね」

それでも放球の瞬間は基地の外に出された。

一九四五年、米軍の空襲が一宮の空をおおうと、米軍機が次ぎ次ぎに現われて機銃掃射をしてくる。秦少年は機影に尻を向けてパンパンと叩き、射ちこんでくる前に身を隠して遊んだというガキ大将だった。

試験放球は驚村だった

［証言　御園昭雄］

試験放球基地は「轟」ではなく「驚海岸」だとわかったのは三度目の一宮訪問でだった。しかし、地元の行政機関は旧鷲村は今は長生村一松戊になっているので詳しくはわからないと言い、「放球基地」があったことは知らないと言う。茂原駅前で再度レンタカーを借り、カメラの長倉と町の中をまわってみる。「鷲」と書かれた信号を見つけた時は、「あるじゃないか！」とちょっと腹立しかった。

東京からあらかじめ連絡をとっておいた、一松戊の御園昭雄さんの家を訪ねると、待っていてくれたようで、そのままサンダル履きで飛び出し、「太陽の里」というレストハウスの裏側（勝手口）に案内してくれた。

「ここがね、葦林になっていて、その真ん中に道があって、そばに釣りができる沼があって……。で、この一帯に風船爆弾の基地があって、ここで風船をあげてたですよ。ええ、一か所だけ。まわりはアミノ屋（地曳網の無人納屋）が一軒あっただけ。あとは家という家はなかった。あとは兵隊のテントが張ってあったね。夜は灯りがついてたけど、バッテリーかねぇ。でも、我々はわからない。立入り禁止区域だから中には入れなかったからね」

御園昭雄さん

テントは昼間は兵隊が使い、夜は警備をかねて村民から選ばれた「使役」が泊まりこんでいた。兵隊の寝ぐらは海岸から離れたやや高台に三角兵舎をつくり、そこから放球基地へ通っていた。三角兵舎のそばには、料亭が一軒できていた。将校クラスの連中が夜な夜な遊びにきていた、と御園さんは説明する。

「鷲村」というユニークな名称は、村史に記述されている。その昔、地方から土地を求めて人里のないこの海岸にてんでに移り住んだが、海を見たこ

一宮海岸での放球基地テント群の写真
（喜田幸太郎氏提供）

とのない人たちが「驚いた」と言ったことから付いたという説がある。
太田さんは放球台は二、三カ所あったと思う、と証言していたが、御園さんは一つだったと言う。実際はいくつあったか、定かではない。多分、憲兵が見張りしていたうえに葦林に囲まれていて、村民は覗き見できなかったのだろう。資料によれば放球台は一宮に「一二カ所」とある。後日、秦さんの案内で調べた一宮海岸の放球台は七カ所だった。とすると驚海岸側に五カ所ということだが――。
「私より、もっと詳しい人がいる」と御園さんは言い、一松戊で農業を営む斉藤寿男さんを紹介してくれた。

村の者は「使役」に選ばれた

［証言　斉藤寿男］

御園さんと同じ長生村一松戊に住む斉藤寿男さんは、畑仕事に出かける時間を割いてインタビューに応じてくれた。若い時、放球基地の作業にかり出され「使役」として働かされた体験をしている。

――一般の兵隊は木島旅館にだけ泊まったんですか。

斉藤「将校クラスは芥川龍之介が泊まった由緒ある一宮館を宿舎とし、兵士や軍属は木島旅館でした」

両旅館は一宮海岸と鷲海岸の中間にあった。「三・一一」の地震と津波で、木島旅館は溢れた一宮川が浸水し、私たちが取材でまわった時には廃屋のようになっていた。

――当時、木島旅館は、見にいったことがありますか。

斉藤「私は使役だからさ、しょっちゅう行きました」

使役とは、雑役のこと。兵隊や軍属の任務以外を手伝う下働きの労働者を指す。

――何しに行ったんですか。

斉藤「風船爆弾に必要なものや何かを取りにいきました。トラックで」

――トラックに積んだ物はどこに運んだんですか。

斉藤「この海岸に張っていたテントの中へ。大きな箱に入ったもの、中身は絶対見せない」

多分、風船爆弾が折り畳んで入れてあったのではないだろうか。

――そうすると、この鷲海岸では風船爆弾を放球させていたということですね。一宮海岸もありますけど。

斉藤「放球はこっち（鷲海岸）が早かったですよ。そのうち両方で上げたんですね。朝は七時には兵隊がこの海岸に集まって。放球まで一時間くらいはかかりました」

――準備にですか。

斉藤寿男さん

斉藤「気球が完全に膨らんで、水素で膨らますんで、ガスで膨らますんで、風船が飛ばないよう、まわりにコンクリートの重石をつけて。あれが一時間かかります。材料なんか運ぶのは全部、使役の仕事です」

――使役は何人くらい、どこの村の人たちですか。

斉藤「全部、地元の人。一松戊です。憲兵が身元調査して」

――何人くらい。

斉藤「五～六人だったと思います。それでもう一人他におりました。相当年配な方で昔からここに住んでいて、地曳船の漁師でしたが、地曳網を張るには朝の気候を判断するでしょ。今日は南風、今日は北風。こういう判断をする。当時は天気予報は一般公開しなかったでしょ。軍にはその情報は来ていたけれど。軍の天気予報よりも地元のその年配者の気象判断の方が正しかったんで、その人が軍に頼まれて予報してました。今日は西風が吹くとか偏西風が吹くとか。その人が予報すると、上がる風船の数が多いように感じましたね、上げる――」

――(川崎の工場から運んできた) 水素ボンベは茂原駅からですか。

斉藤「茂原の専用の引っ込み線、人目につかない線を使って私らが運びましたね」

――事故はありましたか。

斉藤「あれは何年だったか、風船爆弾ではないんですが、ここで技術将校が開発した小型爆弾の試験をやってね。なんか、マッチ箱の大きさでビルが跡形もなく吹っ飛ぶ強力爆弾だとかで、これが完成すればこの太平洋戦争には絶対負けねぇ～って言ってました。そして、今日は超強力爆弾の試験をするから、お前ら現場から退避していていいよって。それで私ら小屋に入っていたんですよ。聞いたら、そこには小型の模型の戦車が置かれ、そこに爆弾を仕掛けて爆破させる。そういう計画だったらしいけど、爆弾に付けた紐を安全なところまで伸ばしておいて引っ張る装置をセットしておきながら、逃げる時に自分でその紐に足を引っかけて引っぱっちゃった。で、爆発。ものすごい音がしましたね。それで兵隊がすぐに『使役集まれ！　すぐ莚（むしろ）で担架つくって肉の破片を拾ってくれ！』って。それで竹を割って割り箸をつくり、それで拾い集めたけど、弁当箱いっぱいくらいかな、全部で肉片が。覚えてますけど。川の中に歯が二本だか三本。それも回収しました」

——それは軍は、ここに埋めたんですか、持ち帰ったんですか。

斉藤「持ち帰りましたね。ここにお墓はありません」

——戦後、放球台のコンクリートはこわしたんですか。

斉藤「あっ、あの時分はコンクリートってなかったでしょ。そのかけら、持ってきてさ、流し場の足洗うのにちょうどいいからさ。おっかいて持ってきたですよ。なかなか、壊れなかったけどさ。私が、ぶっかいてきたですよ」

外の流し場のまわりにホースの水をかけると、白っぽいコンクリートの表面が現れた。戦争から平和へ。と言うより、何ごとも生活の道具という視点で考える庶民の心意気が浮かび上がって見えた。同時に、泰聖佑さんの家にもあったコンクリート片もそうだが、この小さな人工の石こそ両海岸に殺人兵器の基地があったことの偽らざる戦蹟と言える。

第五章　少女たちの風船爆弾

女性事務員が覗いた世界

［証言　河本和子／横山サト］

登研には女性が何名くらい働いていたのか定かではない。事務員と言えども配属された科の室内以外は覗き見る機会はなかったからである。

向ヶ丘遊園駅近くに住む河本和子さんと横山サトさんのお二人は登研時代についてどんな思い出があるか――。

河本さんは一九四一年年六月、「真珠湾攻撃」の半年ほど前、一六歳で就職。最初は総務課の庶務の仕事をし、それから経理部の兵器班を担当、物の出し入れの帳簿づけをした。

「入った時は、よく篠田閣下、篠田所長さんにお茶出しをしたんです。ですからよく、篠田さんから『あんたはどこから来たんだ』とか、いろいろ聞かれました。大変だろうけど、頑張って下さいって。優しい言葉をかけてもらいました。

それで戦後になって、あの風船爆弾をつくってたって聞いてね、じゃあ、糊とか紙とか買ったのはそうした研究のためだったのかって――。それから電線とか薬品の注文もずいぶんしていたけど、それも研究用だったのね。でも働いていた時は、内部の事情はまったく知りませんでした」

肯く横山さん。

「私は高等小学校を卒業して和裁の専門学校に入ったんですけど、三カ月目に誘われて登戸研究所に就職しました。河本さんの少しあとです。給与はたしか一五円くらい。最初は給仕。でも新宿にあったタイプライターの専門学校に行かせてくれたので、午後四時になるとトラックが迎えにきてくれて、学校に行く人たちを乗せて駅まで運んでもらいました」と微笑む。

「それからタイプライター係になって。風船爆弾とかオフセットの機械とか、そういうものの取扱いの説明書を打ってました。だいぶ忘れてしまったけど、風船爆弾だけはよく覚えてる」

「ところで研究所に入った時は一五、六歳でしょ。男の人は沢山いたと思いますが、恋愛ってなかったんですか。あの人はかっこいい、とかって。好きになった人は――」

石原がちょっと照れながら、河本さんと横山さんの顔を覗き込む。

「なかっ……」と横山さんは隣りの河本さんにバトンタッチしようとする。

「あったじゃないの」と河本さんが笑う。「でも、もう亡くなったみたい」

と横山さん。

〝青春の日々〟とでも言うべき所内の自由な雰囲気。ここだけをみるかぎり、「欲しがりません勝つまでは」とか「鬼畜米英」とか叫んでいた巷の光景は

当時の女性事務員への取材

影すらない。しかし、遠くから秘密を洩らす奴がいないか、憲兵隊が見張っていた。普段は、憲兵隊は見えないところにいるが、監視の厳しさはゾッとするほどだった。太田圓次さんにはこんな体験がある。ある時、風邪で三日間床に伏していた。電話もない時代、病欠の連絡をとることができないままでいると、技術将校と憲兵が軽戦車に乗って砂利道を訪ねてきた。病気であることを知ると、戦車はUターンして去っていった。もし家にいなかったら、と太田さんは背筋が寒くなったという。

秘密厳守とは言え、三田っ原で気球を放球する実験がよく行われていたことは隠すわけにはゆかなかったはずだ。総務課勤務だった宮木芳郎さんは、実際に上の原（三田っ原）での実験の際、折り畳んだ気球を他の人たちとリアカーで運び上げたことがあった。

「上の原で五メートルくらいの〝風船爆弾〟を飛ばす実験をやってましたね。手伝わされたこともあります。準備だけね。風船はここ（登研）でつくったんでしょう。長野のどこか工場でつくった時計（計画の初期段階では時計をセットする設計になっていた）をくっつけて飛ばしてましたよ」

生田の住民の中には、風船爆弾の気球が多摩川の上空を飛んでゆくのを見かけたという人もいる。まさか「殺人兵器」のテストだとは想像もつかなかったにちがいない。

見学会

生田キャンパス内での見学会には平均一四、五人、多い時は五〇人も集まる。宮永和子さんは歴史を実感してもらうため、風船爆弾の解説には自分でつくり上げた直径五〇センチ程度のミニチュア風船を用意（二〇センチ程度と一メートルの気球も作成）、棒の先にひもで吊るしてみせた。その日は気球紙と同じサイズの和紙を持参し、中島光雄さんの協力を得て風船爆弾秘話を披露した。中島さんは名古屋陸軍造兵廠技能者養成所で風船爆弾の検査係を担当していた人だ。

中島光雄さん

中島「皆さんの中にはご存じの方もいるかもしれませんが、まだ日本が勝った、勝ったと景気がいい昭和一七（一九四二）年四月一八日、真珠湾奇襲攻撃から五カ月も経たない時、日本は突然空襲されたんですね。で、東京、横浜、名古屋、神戸など七都市にですが、名古屋にも一機飛んできました。私どもがいたところもやられましたので、実際に私は後でその爆弾の落ちたところを見ています。名古屋の場合には倉庫がやられただけで、機械設備には影響がありませんでした。これに対抗するため、アメリカ本土を攻撃できるものを考えだしたいと、陸軍は再び報復作戦を検討。その結果が『風船爆弾』だったんです」

※「真珠湾奇襲攻撃」に一矢を報いなければアメリカ及び連合軍の士気が下がる、と軍部に報復を強く命令したルーズベルト米大統領。急遽、すぐれたパイロットの一人ドーリットル少佐を隊長とした米空軍のB25中型爆撃機一六機が、太平洋上の空母ホーネット号から発進、本土上空に散開して空爆や機銃掃射を敢行。中国の親米派（蒋介石軍側）が属する滑走路などに着陸したが、失敗。日本軍に捕まった八名は捕虜となって、うち三名が処刑された。米本

国に生還できた隊員は少なかった。この空襲は爆撃隊の隊長名をとってドーリットル空襲とよぶ。日本側の空襲による被害は、死亡三九人重軽傷者三〇七人とされている。

　このドーリットル奇襲作戦に対し、日本軍は恨みを晴らすべく中国東部の浙江省になだれこみ、広範囲に及んで三カ月間、米機部隊が着地した空港を破壊、周辺住民を無差別虐殺した。犠牲者数は中国兵を含んで二五万人だという。その後の海軍によるミッドウェイ作戦も報復作戦の一つのはずだった（グラインズ著、足達左京訳『東京初空襲―アメリカ特攻作戦の記録―』彩流社）。

中島「で、風船爆弾ってどんなものかご存知かと思いますけど、簡単に言いますと原料は和紙とこんにゃく糊。和紙にこんにゃくのもとの原料を粉にして水に溶かしたもので貼り付けてゆく。非常に粘着力の強い糊になるので、それを何回も和紙に塗り貼り合わせてゆく。

具体的に言いますと、ちょうどドラム缶のちょっと大きい、四角形の乾燥機がありまして。その乾燥機は四面（三面のものもある）になっていますから、まず鉄板に薄糊を敷いて和紙を貼り、乾燥機の中に蒸気が通っていますから、乾いたらまた糊を塗って紙を貼ってゆきます」

宮永「気球の実物は直径一〇メートル。ヒモの長さを入れると一九メートル。これは模型ですから小さいけど。気球紙の一片の長さは一九三センチ、幅は六七センチぐらい。これを乾燥機にのせておいてこんにゃく糊を塗って。乾くとまた塗って。三枚とか五枚とか重ねてゆくんです。気球ひとつに約六〇〇枚の紙を使います。それをみんな女子学生が動員されてつくったんですね」

中島「私、できあがってきた貼り合わせの紙の検査係でしたから、四角の台にそれを載せて、下

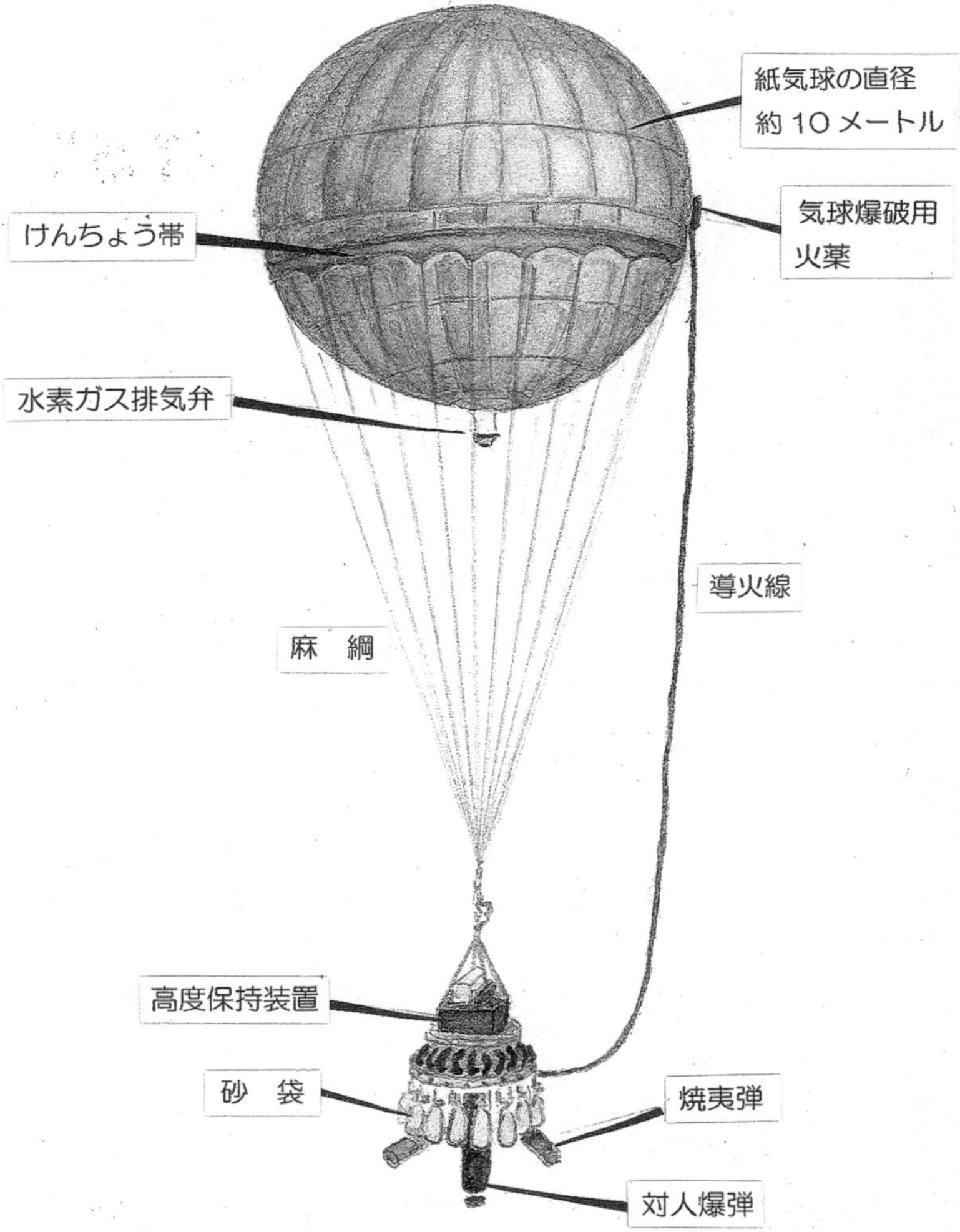

風船爆弾（「ふ」号兵器）図

イラスト・宮永和子さん

に通っている電気をつけて透かして見るんです。傷や空気の浮きが入っている所を見つけて赤鉛筆で印をし、補強の紙を貼っていくんです。検査に合格した紙は苛性ソーダで熱処理をし、グリセリンで中和すると生ゴムのような紙に仕上がります。それを型紙に合わせて裁断をして、貼り合わせていく。いっぺんには丸くできませんから、半球ずつつくるんです。上半分、下半分で合わせます。完成すれば折り畳んで箱詰めにし、満球テストのできるところで空気を入れ、圧力検査をして洩れなければ合格。放球基地に運んで水素ガスを詰めて放球です。一一月から三月にかけて吹く偏西風にのせて、八〇〇〇キロ以上あるアメリカ大陸に二昼夜半かけて飛ばしたんですね。爆弾は焼夷よ、一五キロの爆弾」

宮永「一万メートル以上になると気温がマイナス五〇度くらいになるので、落下してくる。そうするとバラストの砂袋が外れて落下するため軽くなって再び浮上する。一定の高度差を保ちながら飛行を続行させるため、高度保持装置というものを開発するんです。それは当時では世界最高水準の科学技術だったそうです」

中島「戦略的に言えば、風船爆弾には登戸が研究開発した薬品とか毒物、細菌なんかを載せて空中からバラまけば牛を殺すとか疫病を流行らせるとか、いろんなことができた。実際には、アメリカの報復を恐れて載っけなかった。検討はしたみたいですが……。そういう意味では、アメリカはかなり心理的動揺はあったはずです」

宮永「実際に牛疫ウィルスという牛の病原菌を粉末にすることで搭載ができるように研究して、完成段階に来ていたんですが、中島さんが言うとおり、もう敗戦が目の前だとわかっていた時期なので、計画を無理押しして飛ばすということは止めたんですね。あの、報復されるかもしれない、と後のことを考えたんでしょうね、日本の政府は」

中島「逆に、B29にいろいろなものを積んできてやられたら、大変な被害を受けますからね」

宮永「日本の稲が焼かれたら大変だから、そこまでするのは止めようって、東條英機が言ったそうです」

解説する二人を取り囲む見学者はその日、二〇名ほど。誰もが熱心に聴き入っていた。

※気球紙の貼り合わせ枚数は、気球の上部が五枚貼り、下部が三枚貼り。気圧を受ける上部は強度が必要と考えたためだ。

「ふ」号兵器製造開始へ

陸軍による風船爆弾作戦は、関東軍が一九三三（昭和八）年頃から対ソ戦用として研究開発していたことに端を発する。四二（昭和一七）年八月、アメリカ本土攻撃として「ふ」号兵器研究が正式決定し、翌年三月には同作戦開発態勢が草場季喜少将を研究主任として確立した。ドーリットル爆撃への報復である。ただし、本来は超大型爆撃機「富嶽」（大型爆撃機B29よりも三倍近い航続距離と二倍以上の爆弾積載量を持つ）を生産し、アメリカ本土を爆撃する計画だったが、戦局の悪化は資材不足、設計士不足に拍車をかけ中止となった。代替案としてひねり出されたのがコストのかからない風船爆弾であった。とは言え、投じられた予算は二億五〇〇〇万円（当時）だった。

当時の事態の推移は次のように記述されている。『風船爆弾——純国産兵器「ふ号」の記録』（吉野興一、朝日新聞社）を参照する。
「一九四四（昭和一九）年三月末のことである。千葉県一宮に陸軍省・参謀本部・兵器行政本部の、すべての陸軍の『ふ』号に関係した者が集合した。二カ月間の一〇メートル和紙気球の試験結果を解析した上で、最終的な判断を下すための会議がひらかれたのである」

千葉県一宮に集まっての合同会議の結果、未解決テーマは山積していたが同作戦は決行とされ、気球生産の大号令がこの直後から全国に伝わった。
五月　「ふ」号兵器一万個整備命令。
八月　女子挺身隊による「ふ」号製造開始。
九月　気球関連の正式編隊。
矢継ぎ早やの軍命の裏に、敗戦の足音が聞こえてくるようだ——。

基地選定の条件は、
一、　仙台以南ノ太平洋岸デアルコト
二、　気球ヤ器材ノ運搬ニ便利ナヨウニ鉄道沿線デアルコト
三、　海岸ニ近クバラスト用ノ砂ガ容易ニ手ニ入ルコト
四、　山デ遮断サレタ地形デアルコト

これらの条件を満たす場所として三カ所が選定された。
一、福島県イワキ市南東部ノ「勿来」
二、北茨城ノ長浜海岸ノ「大津」
三、千葉県一宮

少女たちの風船爆弾

［証言　日台愛子］

生田キャンパス内の「見学会」に初めて参加した日台愛子さんは、登戸研究所の存在を知らなかった。宮永和子さんの解説を聞き、風船爆弾の生みの親が登戸研究所だと知る。

日台さんは、一九二八（昭和三）年長野県佐久市に生まれるが、城戸ヶ丘高等女学校の上級生の時、名古屋の陸軍造兵廠鳥居松製造所に学徒勤労動員の命令に従い移動。日本中の女学生が兵器工場や学校工場に集められ、働かされたように、日々、気球紙貼りに専念させられた。それがどこで発案され、何の目的をもったものか知らされず、朝七時から夕方七時まで、あるいは夕方七時から朝七時までの一二時間労働。一日二交替制で行われた。

報奨金という名の賃金は月三〇円。ただし、授業料五円五〇銭は授業がないにもかかわらず差し引かれ、寮生活の食費と布団借用料は九円払い、なんだかんだで一〇円は小遣いとして残した（この体験は一九九五年に理論社から『少女と風船爆弾』と題して上梓された）。

日台愛子さん

「今日、見学会はいかがでしたか。風船爆弾を開発された登戸研究所に来られてどのような感想を持ちましたか」

生田キャンパス内に現存する弥心神社（現在・生田神社）の前で、スタッフの渡辺蕗子が〝聞き手〟を担う。

「当時、陸軍がすごい力をかけて風船爆弾を開発したようなことは知っていたんです。風船爆弾をつくり始めた時、話として聞いていたんです。巨大な資本と多大な時間を費やしてつくりだした最終兵器である、と。これで日本の陸軍の弱点を補うんだって。一万五〇〇〇個をどうしてもここでつくらなければならない」

「風船爆弾をつくるというのは全部手作業なんです。まず身体的に言いますと、これは要するに生理が止まりましたね。それはもう工場を引き揚げるまでずっと。それから、脚気になるんです。あの、蒸気で。大体、食べ物もろくなものを食べてませんし。それから夜は空襲がありますから、寝不足は常時ですしね、そういう状態の中で脚気になったり結核になっていく、というふうな人が、もう次から次へと出ましたね。それから扁桃腺が腫れてなかなか治らないとか。からだは完全に蝕まれましたね」

「で、こういう人間になりたいとか、夢をもっていた人間というのは夢は全部奪われたわけです。私たちは最上級生ですから、進学がすぐそこで待っているわけですよね。それなのに勉強が全然できない。毎日毎日働いているわけでしょ。そういうふうな苦悩、いわば自分がなりたい人間に向かって真っしぐらに進もうと思っていた人間にとっては、これ以上残酷な仕置きはないと思うんです」

神社内に飛び交っていた蚊が日台さんの足元に集中するが、怒りの声はとどまらない。

[証言　小岩昌子]

東京でも多くの女学生が風船爆弾づくりに動員された。練馬区に住む小岩昌子さんは、東洋高等女学校在学中、板橋にあった陸軍第二造兵廠に動員された一人である。

「二年生の生徒が造兵廠に行くことになったんです。最初は八時間、朝八時から五時まで。四人一組になって一つの台で貼り合わせをやるんです。この机（約一・五メートル）よりちょっと長いですね。幅はもうちょっと狭いかな。そのくらいの直方体を寝かしたような、ブリキでできているんです。その中に、こうパイプが通っていて熱いお湯が流れるようになっているんです」

ブリキの箱型は回転する仕組みだ。

「ブリキの表面に気球紙用の和紙を刷毛（はけ）で貼り付けるんです」

小岩昌子さん（後列右）

最初に薄いこんにゃく糊を塗る。地区によってはうるしを塗っていたため、うるしかぶれに悩まされたという証言もある。

「貼り付けたら台をパッと押し上げる。と、ガチャンと回る。そうすると次の面が出ますよね。その次の面にまた貼る。またガチャッと回して貼り付ける。こうして四面貼り終わる頃には最初に貼った紙は乾いているんですよね。で、一枚を三分の一つに切っておいて、今度はそれをタテに貼ってゆくんですよね。そうすると井桁になって、次の繊維がタテとヨコになり強度が増すわけですよね。で、四面貼ったら次は一枚貼り、次は井桁、最後は一枚貼り。全部終わるとはがすんです。両手で紙の端をもってバリバリッて、はがれるんです。私なんか、ほら、労働した手ですよ、節々が大きいですし」

カメラの前にかざした両の手はたしかに節くれ立っていて、女性にとっては悲しい刻印だ。

「私の場合は〝紙貼り〟でしたけど、〝貼り合わせ〟の作業も大変だったようですね。これは戦後のクラス会で聞いた話だけど、風船の多分上部とか下の方は紙を舟型にして貼り付ける。舟型をつくる時、机の前に何人かが並んで正坐して糊しろの部分を重ね、舟形のカーブを指先で押えこみ『セーノッ』で掛け声をかけて同じ方向に貼り合わせてゆく。『セーノッ』って。一斉にやる。数え切れない回数を指で押えるから、第一関節から曲がってしまったって言ってました。一五、六歳の骨の柔らかい時期だから、それを毎日毎日やらせられたら、そうなるんじゃないかなぁ」

知能も精神も肉体も、豊かに伸びてゆくはずの思春期である。「国家のため」、「天皇のため」の掛け声のもとで身も心もボロボロにされていった戦争。当初は「神国ニッポン」を信じていた女子学生たちの中にも「大日本帝国」の欺瞞性に気付きだす。

「作業中、貧血で倒れた時は家に帰れなくなっちゃって。そうしたら、今日は工場に泊まりなさいって言われて。家の近くに住んでいた友だちに頼んで一緒に寮みたいな所に泊まったんですけど、夜になるとすごくいい匂いがするの。食べたことがないようなものが、プンプンしてくるわけ。でもその時、ませてたのかなんか、戦争は負けるなって思いました。なぜかと言うと、昼間は厳しい顔をしていた軍人たちが、夜になると酒を飲んでるんだかなんだか知らないけど、わあわあにぎやかに騒いで、私たちが食べられないようなものをお腹いっぱい食べてるわけでしょ。それで翌朝になると、『うーん』っておっかない顔して、私たちのことを監督している。だから、こういう世の中じゃ、負けるんじゃないかって……。どうして私がそんなことを思ったのか」

と笑った。

家族にも作業内容を言うな、と厳しく言われていたため、制服が糊で汚れた理由を言えず、母親に洗濯してもらいたくても頼みづらかったと苦笑する。

小岩さんは戦後、教職に就くが、生徒たちに風船爆弾の体験を話すことができなかった。戦争に加担したことが胸の中で燻っていたからだ。定年退職後、沖縄、サイパン、テニアン、中国東北部などへ出かけ、日本の侵略戦争の跡を辿る旅を続けた。

［証言者　田沢挈子］

一九四五年一月頃、在学していた東京・麹町高等女学校から有楽町にある東京宝塚劇場に一カ月

風船爆弾の製造の様子
（提供・林えいだい氏）

間だけ通い、風船爆弾の紙貼り作業に動員された。当時、田沢さんは赤坂に住まいがあり、歩いて通った。

「遠くから動員させると大変なので、あの辺結構、暁星とか、暁星ってクリスチャンていうか、カトリックですが、男の子の学校だったんです。小学校からあって。で、暁星とか麹町とか双葉とか岩田高女とか女子学院とか大妻とか――。学校がかなりありました。だいたい歩いて通えるようなところの学生が動員されたんだと思います。他の人は学生が動員されていたなんて知らなかったと思います」

「上級生は前からずっと動員されてたと思いますけど、私たちは一年生で四クラスあったので、一カ月交代で行きました。前年の一二月に始まって私たちは、たしか一月から。ひと月だけだったんです。ほんとにひと月だけだったんですけど、それがすごーく長く感じたりして。作業場では双葉女学校の生徒が四年生だったんで、お姉さまたちが教えてくれたんですね。楮や三椏（みつまた）の紙で黄色い線が書いてあって、それに沿って切った紙をコンニャク糊で貼って……」

「ちょうどいいですね。あそこ（東京宝塚劇場）は。楽屋部屋が紙貼りの作業室になって。舞台の椅子を全部取り払って。なんか水素ガス（テストは空気）かなんか風船に詰めこんで、天井が高いから満球テストができたんです」

「特にノルマはなかったです。だから昼休みは一時間くらいあって、そのへんウロウロしてました。

だから風船をふくらませている客席にも覗きにいきました。見ちゃいけないって言われてましたけど。秘密だったみたい」

「軍属の方がいらっしゃいましたね。監督としてでしょうか。双葉の学生はちょっとからだがぶつかると『ご免あそばせ』って言うんですね。お嬢さん学校ですから。そうすると兵隊さんに怒られるんです。この非常時にご免あそばせとは何事かと。そこはまた女学生って面白くて、ぶつかると『ご免働け』って言い替えされたんですね。どこかこう、ユーモアがあったんでしょうか。ちょっとぶつかると『ご免働け』なんて。そしたらもう兵隊さんは、しょうがないやって感じで注意しなくなったんです」

——満球テストの風船は「風船爆弾」だって知ってましたか。

田沢「なんとなく知ってました。でも、こんなのが役に立つのかなぁなんて」

——アメリカに到着した風船はどうなったか、何か情報はありましたか。

田沢「アメリカの山林が山火事になったんだって話はちょっと聞きましたが、そんな程度ですね」


満球テストの点検方法は、膨らんでいる部分を内部に入っている数人が足で踏んでそこを下にし、違う部分を上にして補修点検をくり返してゆく。そうやって補修が終わると送風機で空気を入れ圧力テストをする。その時、ほんのちょっとの点検ミスが残っていると、そこから気球は破裂する。一度だけだが破裂したことがあった。

圧力テストに合格すると防水のためにラッカーを吹きつけ、それが乾くと風船を折りたたむようにして大きな木箱に入れて送り出す。木箱の高さは生徒の身長とほぼ同じぐらいだった。

（「群青」第八一号＝二〇一二年九月一〇日／家族の肖像（四）高橋光子著より引用）

風船爆弾に使う和紙は一枚が畳より少し大きい幅のもので、全総量は推計一億一五〇〇万枚。一個分の球皮には九〇キロ(グラ)のこんにゃく糊を必要とした。

東京での満球テストは、東京宝塚劇場の他には日本劇場、有楽座、浅草国際劇場、蔵前国技館などで行われていた。

［証言　高野登喜］

風船爆弾はさまざまな部品を研究して完成された「科学の英知を集めた最終決戦兵器」と言われている。女子挺身隊が動員された先の多くは〝気球貼り〟であったが、中には浮力を調節する装置の砂袋のヒモ通しをする作業をさせられたり、どんな部品なのかもわからない物の部品にハンダ付をした学生たちもいた。神田在住の高野登喜さんも、学校工場や疎開先で部品のハンダ付に動員された。「多分、見たことはないが高度保持装置の一部だと思う」と語る。

高度保持装置とは、気圧の差で降下する気球を、砂袋（バラスト）を落とすことで一定の高度を保つための調整器だ。

「女学校は伝通院って言って。今は小石川、当時は小石川表町って言いましてね、大きな徳川の千姫なんかが祀ってある、大きなお寺さんで、もちろん戦災では焼けましたけど。そこを真ん中として右っかたに本校舎があって境内を歩いてゆくと第二校舎っていう木造の建物があったんです。そこが学校工場になって、風船爆弾の部品を……その頃は風船爆弾なんて知らされてませんが、それをつくるんで、もう天井に電線をいっぱい引き込んでましたね」

「あれはいつの頃からかなあ。何しろハンダ付なんてやったことがないのに、そこでやらされて。ハンダ付はド素人なんだから、もう、こうはみ出しちゃったりして。そんなのはみんなペケですから、それで電気を使うわけだけど、テスターが通じなかったり。そんなのみんなペケだし。でもそんなことやってましたね。だから何をつくったって無駄ばっかり出たんじゃないかなぁ、かえって――」

――空襲のあとはどうしたんですか。

高野「やはり空襲がひどくなると学生の半分、一二〇人か一三〇人くらいですかね、長野県の別所村に疎開しました。柏屋別荘という旅館ですね。女学校が借りたのか、軍が提供したのか知りませんけど、そこで学校工場のように三階の天井にいっぱい電線を張りめぐらしました。私たちがそれまでハンダ付した部品は今思うと風船爆弾の下の部品の一部だったようですが、それをまたつくろうとしたんじゃないかなぁ」

しかし、作業命令はついに出なかった。

「そのかわりに、あのへんは山が多くて桑畑が多いから、桑の根っこを掘り起こして食糧増産。それははっきり憶えてます。山を登っていくったって女学生ですし、実際、畑仕事なんて私たち、やったことがないじゃ

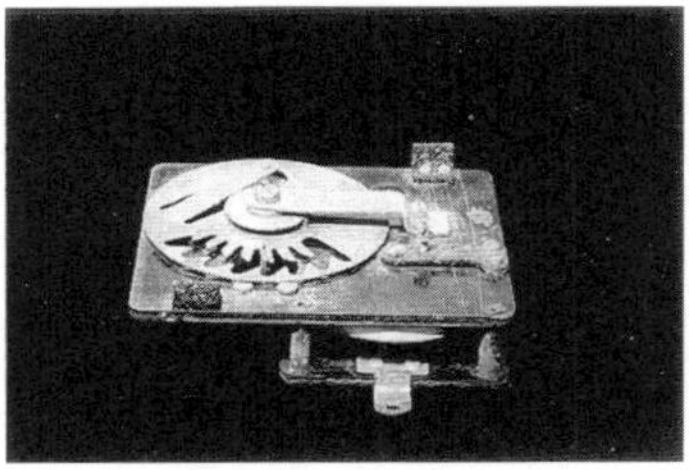
高度保持装置

ないですか。それどころか、私たち空きっ腹で何も食べる物がないんです。みやげ物屋のガラス戸は開けてあるけど、ワサビの粉しか売ってないんですね。それでもそんなのを買って舐めたり、青年学校の前の道を歩いていくと、ちょうど五月だったんで、つつじの花が咲いていてそれを食べたり、青梅もいで食べたり」

悲惨な日々だったが、高野さんの胸には「日本はかならず勝つ」と信じる強いものがあった。

「だって、最後は神風が吹くって思ってましたから」

生まれた土地の神田は空襲で焼失しただけではなく、神田っ子の近隣愛や文化までも戦争で消えた。高野さんにとっては、見えない豊かさが焼き払われたことが何よりも悔しかった。

[証言　中田千鶴子]

高野登喜さんの級友であり、当時は生徒会長をしていた中田千鶴子さん、東京・田端在住。「昔のことですから、記憶がはっきりしませんが」と断りながら、ハンダ付作業の様子を語った。

「クラスから何名選ばれたか憶えていませんが、学校から行きなさいって言われたんでお弁当持って日本橋の『山うろこ』ってところに行ったんです。あそこは民間の施設でしたけど二階家でね。そこには女の方たちが割烹着かけて、今で言えばパートなんでしょうけど、かなりいらっしゃいましたね。私たちはそこで保持子のハンダ付の講習を受けたんです。で、習った技術を学校に持って帰り友だちに教えるんですね」

「作業は流れ作業のかたちをとっていましたから、保持子の出っ張ってるとこを磨く人と磨いたものを私たちの部屋に持ってくるんですね。その保持子を二つ合わせたものは別の班が集めにくるんです。集めたものは乾燥器に入れて部品として仕上げるんですね。部品ですね、完成品ではないんですけど、最終的に何になるのかは知らされてませんが、四角い製品になるってことはわかるんです」

中田さんは記憶を辿って、メモ用紙に自分たちがハンダ付した部品の絵を描いた。「ヤマ形に切れたところを合わせて、ここにハンダ付するんです」と言う。高野さんも中田さんも保持子と言うが、高度保持装置のどの部分なのかは。その後に調べても詳細はわからなかった。「難しい作業でしょ」とたずねると、「これね、ピンセットではさみながらハンダ付するんで結構難しかったですね」と中田さんは笑った。

［証言　井上俊子］

福岡県の八女市に住む井上さんとはお会いする以前に数回、電話で取材協力していただいた。新井愁一と石原たみを連れて井上さんのご自宅に伺ったのは、さらに二年後。二人とも日本映画学校の卒業を目前にしていた。井上さんは八女高等女学校に在学中、女子挺身隊として動員された一人だった。

――井上さんたちは、いつからいつまで風船爆弾の作業を続けていたんですか。

井上「まる一年でした。始まりは昭和一九（一九四四）年の八月一日。学校工場でしたからね。

運動場が干し場。その横にある自転車小屋が作業所でした。運動場まで畳を干すような格好をして、板に貼った紙を持っていって、立てかけて干しました。そして帽子も、戦争中だから帽子もない靴もないわけですよ。裸足で帽子なし。顔は真黒けですよ。そして最初の頃は、ちょっとお茶が廊下の隅かなんかに置いてあって。あの、飲めるようにはしてありましたけどね。それくらいのお茶じゃ間に合うはずがないくらい。みんなガブガブ飲んで、頭から水かぶってそして作業しましたよ」

——服装はどんなでしたか。

井上「その服装と言ったらとてもですね、こじきと一緒でした。エプロンはめますけどね、こんにゃく糊があっちこっち付いて、ちょうど、私たちが子どものころに鼻垂れ小僧が鼻をこすって服がピカピカに光っていましたでしょ。あれといっしょ。からだ中が糊だらけのピカピカの格好になって。でも平気でそのまま着て通学してましたけどね」

「終戦の日までつくりましたよ、私たちは。そうしたらその後、関係者がですね、そういうはずはない。偏西風は三月に吹き終わるから、それから先はつくってないはずっておっしゃるんですよね。だけど、現に私たちは八月一五日までつくっておりましたもの。後になって考えるとですね、合成皮革にするために、何か業者が請け負って私たちにつくらせたみたいです。ある友だちの話では、作業所の二階で手榴弾、自決用の手榴弾を入れる袋をつくっていたそうです。紙貼りしたものはなめすと皮みたいに柔らかくなるわけです」

——学校工場の作業態勢はどんなだったんですか。

井上「一〇人組んで一〇班ありましたから一〇〇人態勢ですね。作業だけではなく、竹槍の稽古もあったりするでしょ。本当に、あのアメリカが上陸してきたら〝一人一殺〟を考えてましたもの。作業始まる前に必ず槍で突く稽古でしょ。先生や在郷軍人から、あなたたちは大事な皇国民。女の皇国民だって、こう洗脳されてました、毎日。何一つ疑わずに働きました」

――朝から夕方までやってるなかに、休憩ってあったんですか。

井上「お天気が……乾かん時が休憩ですたい。天気のいい日はそりゃもう、夏のお天気のいい日はですね、塗ったかと思えばすぐ乾くんですよ。それで、それは誰が指摘しておりましたかね。やっぱ監督班が来るようになってからでしたか、もう乾いとるのを放ったらかしてたら、それは喧(やか)ましかったですよ。それは先生も言いよる。『これ乾いとっぞ、早よせんかぁ』って。曇り日とか朝とか夕方とか乾かんと、また塗るんですね。そうするとウキといって、空気が入ってプッってふくれるわけですよ」

――検査は誰がするんですか。

井上俊子さん（上写真は後ろ）

井上「見番(けんばん)。見番が近くにあったんですよ。あのー、ご存じでしょ、見番って。芸者置屋ちゅうかな。そこの芸者さんたちが動員されてですね、下にこう電球が置いて、その上にガラスを貼った台に気球紙をおいて、透かしてウキを見つけてそれに印つけてですね、そこに小さく切った紙を糊付けして修繕してました」

芸者や花街の女性が集められ、検査役や雑務を負わされた話は、この地だけではなかった。軍隊と芸者など、女性との関係は当たり前のように深く結ばれていたようだ。

「こんにゃくの粉は、糊状にするには一時間以上混ぜなんといかんわけですよ。町中の人たち、私たちは田舎ですけどね、町中に住んでる方たちも夜中の二時とか三時とかに起きて、交代でつくってました」

「人よかったですのや、あっちの班に負けちゃでけんっていって、がんばりよりましたよ。ええ」

こんにゃくを窓に塗る

［証言　俵山政市］

戦時中、父親がこんにゃく屋を営んでいたが、風船爆弾の製造の秘密を守るために作業場（工場）の一つ、都内・有楽町にあった日本劇場（通称・日劇）の窓ガラスに加工を施して外部から見えないようにする工事が軍部から下命、こんにゃく屋の人たちがかり出された。敗戦前年のことだ。「江戸っ子」の家系なのか、べらんめぇ調でまくし立てながら、辛かったあの時代を語ってくれたのは、東京・練馬区に住む俵山政市さん（八三歳）。聞き手は渡辺踏子。

「こんにゃくの原料であるこんにゃく粉が配給っていうか、軍が勝手に押さえちゃったんでこんにゃく屋に品物がなくなり、お手上げになっちゃった。それでみんな失業になっちゃったんです。

それでも私が店を継ぐっていうことでやってたもんですから、風船爆弾の話があった時に親父さんもだいぶ疲れていたんでね。『お前、代わりに行ってこい』ってんで、僕が行かざるを得なかった。仕事の内容は風船爆弾の下準備って言いますかね、約四カ月くらいね」

「場所は日劇。数寄屋橋のすぐ脇にあった日本劇場です。何をやるかは言われてないから、僕らは全然知りませんからね。そしたら風船爆弾をつくるには秘密が必要だ、外部に洩れたら困る。秘密のうちにやるには窓をね、窓ったって日劇なんか窓だらけだったんです。その窓にですね、こんにゃくの粉を水で溶かして薄い糊にして、それに亜鉛水を加えて引っかき回して……。変な話だけど酒樽ね、あれにみんなでつくるんですよ。それをバケツに分けて、窓に手分けして塗るんですね」

――若い人は兵役にとられてるでしょうから、手が足りないのでは。

俵山「若いのは僕しかいないわけ。あとみんな五〇から六〇のじいさん。だから仕方がない。差配みたいなかたちでね、目上の方々に、あんたこっち塗ってください、あんたあそこ塗ってくださいって頼んで、それで塗り始めたわけです。ところが窓の数が多いでしょ、だからね、なかなか捗（はかど）らない。高い所の窓は梯子かけて登っていかなくちゃ塗れない。あんな高いところ、覗く人はいないよと思ったって、軍の監督官は認めない。塗らなきゃダメなんです。要するに、大木に蝉がたかる感じよ。しかも刷毛で塗ってるんだから、スプレーなんてないんだから。それで乾くとね、覗いても外から中は全然見えない。約四カ月くらいかかったけど、終わったわけです」

俵山政市さん

1945年1月27日、銀座界隈の空襲で被害を受けた日劇。右から２つめの建物（提供・東京大空襲戦災資料センター）

――女子挺身隊はそのあと入ってきたんですか。

俵山「そうです。女性もみんな鉢巻姿、日の丸の鉢巻きでしたね。軍の兵隊さんが指揮管理してました。僕も覗かせてもらいましたけど、あぁ、あんなことして風船爆弾をつくってゆくんだって。でも結局はね、秘密だ、秘密だなんて言ってるけど、秘密じゃないんだよ。だって監督官がいなくなると話が洩れてくるし、学生の人たちがみんな笑ってたんだから。女の子たちが――」

――戦後、窓の目張りをはぐ作業はどうしたんですか？（予期しなかった渡辺の質問に私は目を見張った）

俵山「いらない。そんな手間はいらない。あと始末なんていらなかった。向こう、アメリカさんがやってくれたんだもの。Ｂ29爆撃機が飛んできて爆撃してった――」

数寄屋橋から銀座一帯にかけての空襲は、一九四五年一月二七日に始まり、東京大空襲の三月一〇日、その後も続いて日本劇場も窓は壊れ、動員された女学生にも怪我人が出た。

「僕たちの時代は楽しみっていうのはなかった。青春時代ははたち。育ち盛りの時に敗戦を迎えたんです。食べる物もなく、背は伸びないしからだは大きくならない。仕方ないんでしょうけど、人生ある意味、軍のため、戦争のため棒に振ったたって感じです」

こんにゃく芋の生産は食用には加工が必要なので、短時間で食糧となる野菜を増産することが奨励。一九四四年には全こんにゃく粉が食用を禁じられ、軍に納入させられた。矢継ぎ早に全国の家庭の食卓からこんにゃくが消えた。

ルポライター林えいだいの執念

陸軍登戸研究所を映画で追うには、証言者の発見はもちろん不可欠だが、歴史を物語る資料、例えば絵図とか映像、記録写真などがないと事実の裏付けが弱くなる。

しかし、秘密兵器の開発した登戸研究所には記録映像は見つかっていない。まして最終決戦兵器として全国通々浦々の女学生や和紙、こんにゃく関係の職人がかり出されてつくった風船爆弾である。それだけにルポライターの林えいだいさんの『写真記録――女たちの風船爆弾』（亜紀書房）を手にした時は興奮した。九州・小倉造兵廠で女子挺身隊が気球貼りに励んでいる姿が製造工程を追うようにして編集されている。

小倉造兵廠での満球テスト
（提供・林えいだい氏）

撮影者は不明だが、東京では作業場風景の記録写真は一枚も見つかっていないだけに貴重だ。早速、九州に活動拠点を置く林さんに、写真使用の許可をお願いする。このことから、林さんに九州地方の風船爆弾と女子学生の歴史などをたずねるようになり、カメラの前で証言できる体験者を探してもらうことになった。そして八女高等女学校時代に気球紙貼りをした井上俊子さんを紹介してもらうことができた。

林さんはこれまで多くの記録すべき戦争の実態をルポルタージュし、ノンフィクションにまとめてきた。活躍の舞台は九州エリアが多い。そこには理由があった。一九三三年、福岡県筑豊生まれの林さんは、あの日、つまり長崎に原爆が投下された日、小倉に向かっていた。何度か空襲警報のサイレンがあり、雲間に一機のＢ29が飛来しているのを目撃した。のちの米空軍の発表では、原爆投下の第一目標は小倉だった。一説には、風船爆弾の紙貼りから満球テストまでの一貫作業が小倉造兵廠で行われていたために狙われたという。

だが、前日の八幡空襲による火災の煙が上空に濃いスモッグを生み、小倉の市街地を見定めることができず、長崎に機は標的を変更した。晴れていれば、林さんはこの世から消えていた。代わりに長崎の人々がと思うと、戦争の身勝手な無差別殺りくに怒りがつのり、次から次へと知られざる戦争の実態を取材し、ペンを走らせてきたのだ。その林さんが小倉造兵廠での風船爆弾関連の写真を入手したのも、不思議と言えば不思議な話だ。ある男が林さんの仕事を知っていたのであろう、「使ってくれよ」と、写真を手渡したという。

第六章　大津、勿来基地の部隊

茨城県大津基地へ

太平洋岸に沿った風船爆弾の放球基地は三カ所。そのうち、気球連隊・第一大隊は茨城県の大津にあった。ここが本部となり、放球台も他の二カ所よりも多い一八カ所と公表されている。そのため、放球数も多かったようで、ここだけ大型の水素発生装置が配置されていた。大津基地は北茨城市の長浜海岸にあり、放球台跡も残っている。また、「風船爆弾放流地跡　わすれじ平和の碑」と、放球事故死した兵士の鎮魂碑も建っている。

わすれじ平和の碑

重要な証言者として、陸軍気球連隊大津基地気象班元曹長の杉本頼幸さん（九三歳）にお願いしようと考え、前もって大津町のご自宅に電話を入れる。「夫が了解するかどうか。とにかくお茶飲むつもりで立ち寄ってみて下さい」と夫人が明言を避ける。頼幸さんは寝たきり状態になっているためだった。

撮影班はレンタカーで行くことにした。新井愁一が運転とカメラ、聞き手は石原たみ、録音は渡辺璐子、鈴木摩耶はセカンドカメラ、それに私の五人。

ところが出かける前日、地元案内と杉本さんへの取材願いに大きな力になっていただける方を、北茨城市歴史資料館が紹介してくれた。丹健一さんである。

地元に火力発電所を誘致する計画が持ち上がった時、CO_2などの環境問題で反対署名を集め、日本科学者会議に呼ばれてアピール演説をして勝利に導いたり、攻撃艇「震洋」の特攻や小型潜水艦「海竜」の存在を見つけて世に問うたという人である。

風船爆弾については、北茨城市平潟町出身の作家である鈴木俊平の『風船爆弾』（新潮社）を当時の教え子だった学生が持ってきて「先生、この本のこと知ってますか」と聞かれ、初めて茨城に放球基地があったことを知った、と丹さんはのちに語っている。

その丹さんが途中から車に同乗してくれると聞き、急遽私は同行をとりやめた。一台に六人は乗れないからだ。なのでここに書くことは、撮影班の学生たちが帰ってきてからの話と撮影したテープから読み解き、文字起こしをした記録である。

日本映画学校がある小田急線新百合ヶ丘駅周辺に住んでいた学生たち四人は早朝に出発、途中で丹さんを乗せ、長浜海岸に着いたのは四時間後。予定どおり「わすれじの平和の碑」と「風船爆弾犠牲者の鎮魂碑」、その先方の林の下にあった放球台を撮影した。

「わすれじ平和の碑」は、一九八四年一一月、地元有志が中心になって建てたもの。碑の台座には「新しい誓い」と題した詩が刻まれている。作者は『風船爆弾』の鈴木俊平氏である。

そのまま、漁港が見える杉本さん宅へ。杉本さんはマスコミ嫌いなうえに、いつまでも戦時中のことを覚えていたくないと、口を噤んできた。ただ、丹さんとは火力発電所の反対運動の時以来、同志の絆が芽生えていたので、丹さんの言葉添えで取材の承諾が出た。

「空を見上げてはいけない」

［証言　杉本頼幸／ふく］

杉本さんは一九三九年、二三歳の時、陸軍の落下傘部隊気球班に配属された。任務の目的は四、五人乗りの気球に乗って敵陣の後方に到達し、爆破作戦を敢行する。帰還の装置はなく〝特攻要員〟と同じ戦法だった。しかし、実戦の命令が出ないまま、敗戦の前年、大津放球基地の気象班に転属。三交代制。一日三回、飛翔した風船爆弾に取り付けた発信機からの観測データを受信、解読するのが任務だった。

杉本夫妻

妻ふくさんが玄関に出迎え、笑顔で「どうぞ」と言ってくれた時、学生たちはそれまでの緊張がほぐれたと言う。頼幸さんはベッドに寝たきりだ。会話も自由ではない。代わりにふくさんが〝耳元通訳〟をしてくれた。「お茶持ってこいよ」が頼幸さんの最初の会話だった。それは学生たちの〝長旅〟への気づかいだった。

石原がベッドの脇に坐り、頼幸さんの耳元でインタビューを始めた。ふくさんはベッドの反対側にまわり、夫の会話に耳をそば立てる。

——奥様が〝風船〟を初めて見たのはいつ頃ですか。

ふく「一五、六歳だね。戦争が終わる時ね。末期、一番の末期」

——何回くらい見ましたか。

ふく「何回って、毎日上げてたもん。（頼幸さんに向かって大きな声で）どういう日に上げないんですか」

頼幸「お茶、出してやれ」

ふく「お茶ね。はい、はい。どういう日に上げないんですか」

頼幸「風のない日に上げるんだよ」

ふく「風のない日に上げるのね」

頼幸「だから気象観測っていうのが必要なんだ」

ふく「（復唱するように）だから気象観測っていうのが部隊に必要だったんだよね。で、この人は気象観測班の中にいた人なんだよね。そうなの。気象観測をものすごく研究してないと、風船はただ上げるわけにはいかないんだよ。風の吹きようとかね、なんとかであるんだよ。ねっ」

と夫の顔を見つめる。

ふく「雨の日はだめですか」

頼幸さんが首を横に振る。

ふく「どんな日がよかったの」
頼幸「凪がない、温暖な日」
ふく「凪のない日ね」
頼幸「だから風向、風速を測るんだ」
ふく「時間はいつですか」
頼幸「朝。払暁。……。ふつぎょう……。わかるかな」
ふく「わからない。わかるように言って」
頼幸「夜明けの時」
ふく「夜明けになると空いっぱいに風船が飛んでいたんだから」
——小さい時は、上を見ちゃいけないとか言われたって、聞きましたけど。
ふく「だからそれは学校の子どもらが通学の往き帰りに、先生が今日は風船が上がりそうだと思えば、あんまり上を向いて歩いてはダメだぞぉって。でもみんな、ダメだぞぉって言われると余計見たくなっちゃうんだよね」
——周りの人たちは気付いたりしなかったんですか、風船爆弾について、住んでる人たちは……。
ふく「それは気付いてるよ。部隊が来てるんだから。部隊ったってどんな生活してんだかわからんからね。山ん中だから。ただここは風船を上げる部隊なんだなって思ってた」
ふく「風船の上がる数は一つや二つじゃないんだよ。もう空いっぱいに上げるんだから。こんなに上げたって、いくつ（アメリカ大陸に）届くんだろうって、私ら思いましたもの。そんで、あっちの道路だって開発されてあんなふうになったけど、前は山がずーっとあったんだよ。海岸の方にね。その山さ、みんな山さ登ってひっくりけーって見てんだ。空をこう風船が飛んでいくの、こうやって、ひっくりけーって」

ふくさんは少女時代にタイムスリップして天井を見つめた。

サンフランシスコ方向に飛ぶ

――風船がどこに向かって飛んでいくかはわかってましたか。

ふく「いやあ、だからさ、ここまっすぐがアメリカのサンフランシスコだっていうからね（と、東の方向を指す）。学校で教わってるからね。ここからまっすぐ行くの、まっすぐ。その風船がプワリプワリ、プワリプワリって、ちょうど海のくらげと同じだよ。もっともくらげったって、みんな、海の中でどんな風に泳いでいるかはわからないだろうけど。プワリ、プワリ。空いっぱいになって流れていくんだよね。いくつくらいあるんだろう、どんなとこさ落っこちるんだろうなんて考えながら見てたんだよ、わかんないから」

――順調に飛んでいかないのもありましたか。

ふく「あるさ。これまっすぐ行くと海ですよ。ところが反対の山に行っちゃう。あっちは阿武隈山脈があんだ。その山の方にずーっと行っちゃう。あらら、なんだっぺ、これ反対さ行っちゃった。今日は困っちゃったね。なんつうと、しばらくして、また、ぽつーら、ぽつーら。一つ飛んでいき二つ飛んでいきして、また海の方さ向かってもどってくる。気流だから、それは。そういう日もあるんだよ。……だけどこっちさ（山の方向）落ちたなんちゅうのは、ないんでねぇかな。わかんねぇけんど。それこそ、音もなんも聞こえねぇ、山の上で耳、すましててもね」

夫の顔に視線をもどすと「あんまり昔のことになっちゃったね、なんとなくお話するのが。ちょっと浦島太郎みたいだね、風船爆弾の話はね」と笑う。

頼幸「お茶持って来いよ」

ふく「はいよ、お茶ね。はい、もういいでしょ。いいよ、もう。同じこと、ひっくりけーし、ほっくりけーしになっちゃうからね」

学生たちが礼を告げるとふくさんはベッド脇から離れ、お茶の準備にかかった。サブカメラを担当する鈴木摩耶がふくさんの立っていた位置に入れ替わって、頼幸さんと石原のツー・ショットを画面いっぱいにとらえる。石原は頼幸さんの耳元にさらに顔を近づけ、途中、海岸にある兵士のお墓に行ってきたと話す。頼幸さんは「墓ではなく、風船爆弾の犠牲者の碑だ」と訂正する。碑と墓を勘違いした石原にふくさんが頼幸さんの代弁をする。

ふく「兵隊さんたちの遺体は茶毘に付して、みんな骨は親元に届けましたって。だからここにはお墓はないんだよね」

部隊は一九四五年二月、解散となった。

――あの、今日はありがとうございました。

と、石原が頼幸さんの耳元に顔を近づけ、大きな声で感謝の気持ちを伝える。

頼幸「ろくな話でね、ろくな話しかできなかったが……あんたらが満足いくようには……、また機会をみて話しましょう」

思いどおりに言葉が出せない頼幸さんは、それでも口を大きく開き、ひと言ひと言伝えようとする。その眼が潤んでいるように見える。

カメラはベッドを離れ、お茶をいただく学生たちに戦争体験を語るふくさんをとらえる――。

徴用船と艦砲射撃

［証言　杉本ふく］

ふく「ここは海岸だから、漁港だからさ。漁船がいるでしょ。いたんだよね。その漁船がみんな徴用船で港を出ていったんだよ、南方へ。だから、船なんて戦時中は一艘もいなくなっちゃった。それとね、ここには日立鉱山っていうのがあって、そこにものすごい煙突が建っていたわけね。今は高速道路が造られて煙突もないけどさ。昔は重要な煙突なんだよ。そうするとB29なんかが探索に飛んできてさ、日立鉱山に何かあると思ったんじゃないの、そこをめがけてね、沖の方に泊まっていたアメリカの艦隊が、艦砲射撃するんだよ」

「艦砲射撃って何ですか」と石原が身を乗り出す。

ふく「（それには答えず）艦砲射撃なんていったらすごいからねぇ。ドラム缶ごろんごろん、ごろんごろんって。夜空にドラム缶が歩いて、いや、走るんだよ。そうしたら空襲警報だって、サイレンが鳴るでしょ。ピカピカッて空が光るでしょ、バーンッて落ちるんだよ、それが日立の煙突めがけてそれやってたんだよ。ここの窓ガラスがバリバリ割れちゃっても夜だからわかんないんだよ。もうすごくて、すごくて。あの時の戦争の話なんかしたら話にならないね」

手づくりの風船爆弾に国運を賭けた日本。あり余る砲弾による米軍の艦砲射撃。この圧倒的な国力の差を国民は知らされていなかった。「知る権利」を奪われた戦時中の恐怖は、砲撃の恐怖をも招いたのだ。

勿来の放球基地へ

「ちょっと自慢はね、あそこの、そう福島の勿来に実家がありましてね。そこに家族を疎開させてたもので――」

水素が漏れない研究に没頭していた畑さんが、誰にも語らなかった話をはじめた。

「私は東京から三月に一度くらい水戸から平駅に行くんですが、軍の命令で列車の窓はよろい戸が下ろされていてね、窓から風景を見ることはだめなんだ。それで勿来の浜辺では風船爆弾を射ち上げている基地があるって噂を聞いていましたから、ぜひ現場を見てやろうって思いまして、登研の所長から許可書出してもらって行きましたよ。基地の入口で許可証を渡すと三〇分ばかり待たされたんですが、守衛に立っていた兵士が、話相手がいなくて退屈してたらしく、私にいろいろ愚痴をこぼすんですね。牢屋に入れられているみたいだとか、普段は秘密の発射基地ですからどこにも出かけられない。家族にも駐屯している居場所も伝えられない。月に一度、となり町の映画館へ隊を組んで駆け足で観にいくのが唯一の楽しみだって、不満を言ってましてね」

「見学の許可が出て中に入ると、地形が凹んでいましてね、まわりは砂丘。風が吹くと水素ガスを注入中の風船がフラフラ動くの。そう簡単には入れられないんだってことがわかったんだ」

「民間で風船爆弾に直接これだけかかわった者は、私以外いないだろうね。水素の漏洩防止の研究を任され、登戸研究所の施設（低温室）の装置を使い、風船の射ち上げ基地にも入ったってのは……」

終生「接着科学」を追求した畑さんは、日本接着学粘着研究会会長など、この学会の要職を歴任した。しかし取材の中で、風船爆弾が殺人兵器の目的を持っていたことについては、ひと言も触れなかった。私自身、「接着科学」という世界の存在を知らなかったため、こんにゃく糊の「ゲル化」を理解するのが精一杯だった。

畑さんの取材後、ご家族から入手した生前の講演録の中に、次のようなこんにゃくについての一文があった。

こんにゃくは九七％が水なのに、どうしてあんな形をしていて弾力があるのか。（略）こんにゃくを見つめながら、早く戦争が終わって、こんにゃくの秘密を解明できる日がくるように願っていました。だから、敗戦は、私という魚にとって何よりの水でした。軍とのコネにすべてをかけていた人たちはすっかり虚脱状態に陥ったようですが、私は自分のやりたいことができるというのでうれしくなった。それをまとめたのが「コンニャクマンナンに関する理化学的研究」です。

マンハッタン計画を止められず

アメリカ合衆国内では、風船爆弾はワシントン州、オレゴン州、カリフォルニア州などの西海岸地区は最も多く到達したと考えられているが、冬季の積雪地帯では火災は起こりにくかったようだ。偏西風に乗せるアイデアはアメリカ本土に奇襲の扉を開けたが、広大な自然の世界にどれほどの被害を与えたかは陸軍の資料にはない。

〝戦果〟と言えば、「プルトニウム製造工場の電源を一時切断」したことと、「オレゴンの悲劇」の二つである。前者はワシントン州ハンフォード地区にある「アメリカ合衆国原子力委員会ハンフォード工場」の送電線に風船爆弾が引っかかり、切断したことがあり、そのため緊急用制御棒が降り、被害は出なかったが、安全確認で操業再開に三日間を要したという〝戦果〟である。ここは一九四二年以来、原爆製造を目的としたマンハッタン計画に必要なプルトニウム製造用の原子炉群を設置した工場だった。

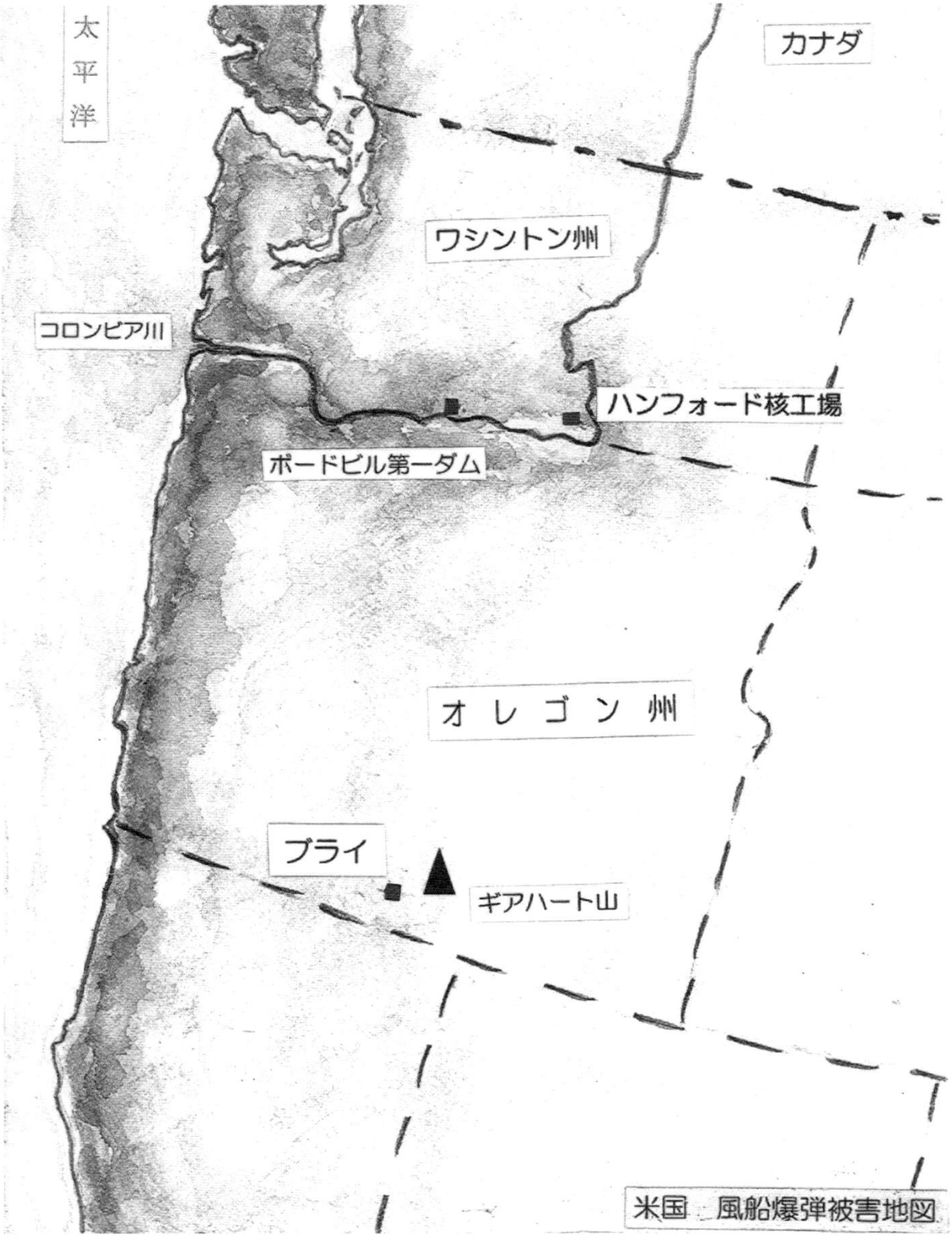
太平洋
カナダ
ワシントン州
コロンビア川
ハンフォード核工場
ボードビル第一ダム
オレゴン州
ブライ
ギアハート山
米国　風船爆弾被害地図

イラスト・宮永和子さん

「オレゴンの悲劇」に慰霊の旅

一九四五年五月五日、オレゴン州ブライ村の森林に到達していた風船爆弾が爆発、ピクニックに来た五人の子どもと一人の妊婦が即死した。その戦争被害者の慰霊碑には、「この地は第二次大戦中、アメリカ大陸において、敵の攻撃によって死者を出した唯一の場所である」と刻まれている。

「ブライの悲劇」として近年、知られるようになった。戦時中であれば、日本が唯一アメリカ本土内に〝戦死者〟を出した〝戦果〟と言えるが、一一歳から一三歳の少年と少女たち、そして身ごもっていた女性が平和な寒村地帯でまさかの死を招いていたことは、加害、被害を越えた痛ましさが残る。

一九九六年六月、この地に訪れ、千羽鶴を供えての慰霊を行った一四人の日本人がいた。井上俊子さんも参加した。ブライ村では思いがけない大歓迎をうけ、住民らと交流会をもつことができた。参加者の一人、山口高女出身の山口哲子さんも、風船爆弾づくりに遺書を書いてまで熱心に働いていた学徒だったがゆえに、代表となってメッセージを読んだ。

オレゴン慰霊の旅

風船爆弾の犠牲者のお名前とお年が、はっきりわかりましたことによる現実感と、何故このように、ピクニックを楽しみにしていた元気な子どもさんたちや、体内に小さな命を宿していらっしゃった牧師夫人が犠牲になられたのかと思いますと、私の罪の意識はだんだんに深くなり大変なショックでした。

（『夏の風船』アメリカツアー文集、一九九六・六・二二～二七）

［証言　井上俊子］

――アメリカではどなたが迎えてくれたんですか。

井上「それはブライの協会の牧師さんはじめ、もう村中で迎えてくれました。それでブライとの橋渡しは竹下さんという方がしょっちゅう行ってからですね、いろいろこうしてあったわけですよ。調査したり。日本からの爆弾で六人の人が死んだのは申し訳ないいっちゅうて謝罪したり。そういうことがあって私たちが訪問したので、村中で歓迎してもらいました。もう、手作りの料理で」

――原爆ではたくさんの人が………。

井上「そう。較べもんにならんくらい亡くなって――」

――オレゴンの被害者は出たっていっても、六人だと。その数の違いというのがあるので、どうしてアメリカにわざわざ謝りに行くんだって、実際に言われたりとかありましたか。

井上「ありました。ありました。あぁた、いろいろ言うたっちゃ。そげん言う人ですね、言い訳したっちゃ、どげんしましょう。手紙からも口からも言われました。それでも私も、自分が自分でわからん部分もあると。なんでそこまで反対されて……。だけど、物好きがおったっていいでしょ。もう私、あの……いのち、そう、四、五年もちるやろか……。最後の……なんでしょうかね」

一瞬、井上さんは泣きたい気持ちをはねのけるかのように唇を結んだ。笑顔を崩すまいとする口元にはかすかに寂しい影が宿っているように見えた。

井上宅からさほど遠くない地元、八女高等女学校にも行ってみたかったが、三人の宿泊代の予算がなく、自主製作の辛さを呑みこんで「羽犬塚駅」から東京に戻った。帰りの電車の中では三人とも無言であった。

その後、井上さんは容態が悪化、一人暮らしだった実家と離れ、熊本の病院に入院した。

放球数は実は四〇〇〇個か

風船爆弾の放球数は九〇〇〇個、あるいは九三〇〇個が通説となっている。しかし、その「半数以下」が真実とする証言があった。雑誌『サンデー日本』（東日本新聞社発行／一九五七年五月一五日号）のトップ記事「米本土攻撃決戦兵器――風船爆弾の秘密」を署名入りで記述している、陸軍兵器行政本部技術部部員元陸軍中佐吉永義尊の記事に、次のような話がある。

（戦後）米軍は進駐してくるとあらゆる方面に亘って詳しい調査を始めた。（中略）筆者はスポークスマンの役割を引き受けて一切を話してやった。もはや隠し立てすることは何もなかった。しかし、ただ一つだけ、誤魔化しておいたことがあった。それは発射した気球の数である。計画によると気球の製造数は一万個、実際に製造された数は九〇〇〇個。そして米軍の取調べに対してこの九〇〇〇個は（昭和：引用者）一九年一一月から二〇年三月までの攻撃期間に全部発射したことにしてあった。実際に発射した数は前述のように四〇〇〇個に過ぎなかった。発射し切れなかった残りの気球は終戦と同時に焼き捨てたとはいえなかったからである。

風船爆弾がアメリカ大陸に到達したというニュースは、一九四五（昭和二〇）年二月一八日付上海電報（当時の配信は電報）に、アメリカ連邦検察局の発表として初めて報じられた――。

「日本文字の記された巨大な気球が去る一二月一一日モンタナ州カリスベル付近の山岳地帯に落下しているのが発見された。気球は良質の紙製で迷彩が施され、その直径三三フィート以上で八〇〇ポンドの格載能力があると推定される。気球の側面には自動的に気球を爆破するための爆撃が装置されてあった」

迷彩は付いていないが、全体的には実物を見て書いたと思われる記事であり、「到達」が確信できたニュースだった。その後はアメリカ政府はメディアに報道規制を敷いたため、一切風船爆弾の被害記事は出ることがなかった。

話は戻るが、一九四四年二月～三月の千葉一宮海岸からの試験放球の結果については、AP電を精査しつづけた結果、

「無線諜報機関が耳をすまして米国各地のラジオ放送の傍受に努力した。爆弾さわぎ、原因不明の怪火、山火事のニュースは細大もらさず通報された。しかし原因がこの気球だと推察されるようなニュースは、一つとして得られなかった」

とある。

実際には、全部で三〇〇発以上がアメリカ本土に到達している。しかし、「登戸研究所の風船爆弾開発の最高責任者であった草場少将は、風船爆弾は戦力としてほとんど認むべき効果はなかったことを率直に認めていた」と、伴繁雄は自著に記している。

第七章　ニセ札製造・対中国経済謀略

ニセ札製造・対支経済謀略

一九三八年十月謀略課トシテ陸軍参謀本部第二部第八課ヲ置ク
課報　謀略　宣伝工作ヲ担当

経済謀略担当ハ岡田芳政
偽札製造ハ「登戸研究所」ニ第三科ヲ設ケ山本憲蔵主計ガ科長トナル

対支経済実施計画
一、方針
蒋政権ノ法幣制度崩壊策シ以テソノ国内経済ヲ撹乱シ同政権の経済的抗戦力ヲ壊滅セシム
陸軍省・参謀本部発令　昭和十三年十二月

三科の板塀バックに

［証言　奥原タミ］

「私はタイピストだったもので。所長閣下のいる本部が仕事場でした。まわりはわりあい立派な人たちばかりでしたが、そのわりには堅苦しいという雰囲気はなかったですね。お昼休みなんか結構、役所（註：登研を「役所」と言う元従業員は多い）の上の方に野原みたいなところがあったので、寝そべって歌なんか歌ってましたね」

「（アルバムの写真を見て）入った頃は全員白衣。制服だったんですね。だんだん白衣の配布がなくなって白衣なしの被服になって。その被服もモンペですね」

「この写真は、私たちが入ってはいけないようなところまで歩いていって、この板塀のあるところをバックに撮ったんです。この板塀の奥はニセ札つくっていた場所じゃないかと思うんです。同じ役所でも全然違う場所のような、そんな感じでしたね」

第２科の建物（現在資料館）

ニセ札づくりは「簡単」

［証言　川津敬介］

その板塀の中で働いていた三科のひとり、川津敬介さんと連絡をとることができた。

東北本線の小山駅から車を拾い、二〇分程走る。川津敬介夫妻が自宅の門前に立ち、私たちの来るのを待っていた。この日は私と石原の二人。映画学校卒業後の学生たちは、それぞれ就職し、なかなか三、四人が集まれる日は少ない。これまで、やっと探し当てた証言者ではあっても、こちら側のスタッフの都合がつかず、撮影日が二転三転してしまい、「二度と電話を掛けてくるな。迷惑だ！」と怒鳴られてしまったケースもある。全員、自腹で製作に参加しているのだから、仕事を休ませるわけにはゆかない。私も都合がつかない日はあるし――。

一九三九年、川津さんは唯一の印刷科があった東京府立工芸学校（現都立工芸高校）を卒業。同校では川津さんともう一名が、新宿戸山ヶ原の陸軍科学研究所に推薦され採用。最初は所員が少なく仕事も少なかったが、内閣印刷局に研修に行かされ、じきに「登戸出張所」に配転された。

「ニセ札って簡単にできるんですよ」

いきなり石原の前で川津さんは両手を目いっぱい広げた。

「お札、あるでしょ。こういうの（両手でお札の形をつくる）を畳一畳くらいに拡大するんですよ、写真に撮って。ボヤけたところは水に溶けない墨で手描きというか、修正してゆくんです。もちろん直線は定規でひきます。それをハイポ、写真屋が定着液に使うハイポ。ハイポって何かな、元は。青酸カリかなんかかな（ハイポはチオ硫酸ナトリウム。青酸カリではない）。あれに浸けるとね、ボヤけていたところがきれいになくなっちゃうんですよ。それをまたずーっとお札の大きさに縮めるとね、本物の一〇〇のうち九九、違わないでピッタリしたのができちゃう。だからね、レタッチやる筆の確かな人がやれば、簡単にできるんです。時間さえかければ。ていねいにこうして」

川津さんは左手にルーペを持ち、右手でレタッチを施す動作を演じながら語る。

「今でもかついでいる人が眼に浮かびますよ。こういう大きな（引き伸ばしたネガ）のを暗室にかついでいって現像してハイポに浸け、洗い落とすようにするとね、きれいになってね。あれは何でやったのかな、湿板でやったのかな。乾板じゃないね、ガラスですよ。それを

上、若き日の川津敬介さん（中央）、３科内での記念撮影、下、取材時

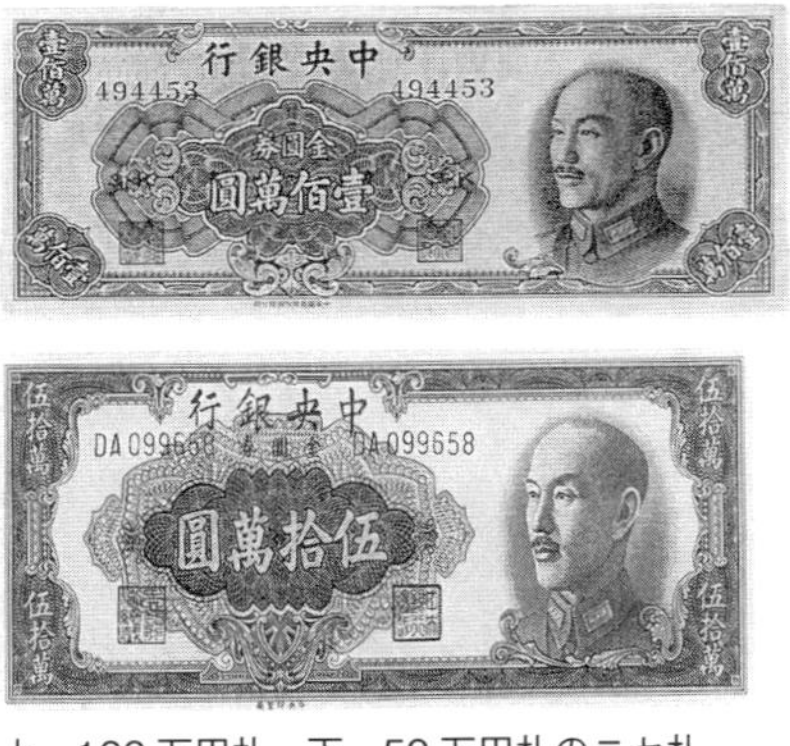

上、100 万円札、下、50 万円札のニセ札

ダーッと縮めると、するとピタ―ッと。もう本物と見境がつかない」

湿板はガラス板に塩化銀の膜をつくり、濡れたまま撮影、現像する感光材料。乾板もガラスをベースにするが合成樹脂などもあり、透明な板に写真乳剤を塗布したものだ。また、印刷機は一九四〇年にドイツからザンメル印刷機を購入（一台二八五万円＝現在、約三億四〇〇〇万円に相当）。それを解体して潜水艦で運んできた。

北方班・中央班・南方班

山本憲蔵著『陸軍贋幣作戦』（徳間書店）を机の上に開き、掲載されている「法幣」のカラー頁を示しながら川津さんは自分の任務を語る。

「これを言うんです。紋様というのは、こういう枠（お札の縁どりの内側）。それから地紋（地模様）。これ、細かい色が入っているでしょ。こういうのをつくる機械、ジオメトリカルレースって言うんですよね、幾何学的紋様という意味ですが。この地紋、この中の模様、この枠、これらを彩紋というんです」

川津さんは聞き手の石原とカメラを担当している私に、一つひとつカラー印刷された法幣を指摘しながら説明する。

「だから私が使っていた機械は彩紋機というんです」

「仕事は階級があって、初めは初工。私たちは工員と言うんですが、何年か経験を積むと雇員。

これはいっぱしになった地位で、付けるバッチが違ってくる。私は終戦になってから雇員になったんですよ」と苦笑い〈学歴のある者は技手〈判別官〉、技士〈高等官〉へと昇格してゆく〉。

――三科の部署はどのようになってたんですか。

川津「三つの班に分かれていましたね。北方班、中央班、南方班。北方班は紙漉き。つまり用紙製造。中央班は紙幣の分析、鑑定、インクを担当。南方班は製版、印刷、乾庫。裁断部というのもあって、二〇枚ぐらい印刷されたものを一枚一枚の紙幣に裁断してゆく。こんな厚い刃で、電気でザザザザ、ズーッ、ガッチャンって、切るんです。それだけ担当の人もいるんです。この作業は重要です。お札のはじっこが切れてちゃ使いものにならないでしょ」

戦後、教職歴が長かった川津さんは話上手だ。身ぶり手ぶりの大アクションに、思わずカメラのファインダーから眼を外して見てしまうほどだ。

「印刷されたばかりのニセ札は、新品のままだとわかってしまうので、汚し役がいるんです。こう、ジャラジャラ回す機械があるでしょ」

――コンクリートミキサーですか。

川津「そう。小型のそうした物を中古品店で探してきてね、そこに新札を入れてね、ニンニクとか、ドロとか、豚の脂肪とか、なんかいろいろ入れて汚すんです。そうするとシワクチャになった汚れた紙幣になる。それを乾庫で乾かす。こうすればニセ札とはわかりにくいでしょ。この係は、高等女学校出たばっかりの人を雇ってね。汚しなさいって……」

後日、調べてみると川崎市高津区の女子学生が動員されたことがわかったが、該当する学校を訪ね、当時の名簿を見せてもらおうとしたが、「個人情報」になるからと断られ、証言者を探し出すことができなかった。

しかし、最盛期には二五〇〇人を越えた大規模の三科の光景を想うと、武器、弾薬に代わる平和的戦略への重視と考えるより、原材料の鉄鉱類などの資源不足のため、風船爆弾同様、〝最後の決戦兵器〟となったのではないか——。

登研がなかったらあの戦争は——

［証言　渡辺賢二］

「見学会」は、保存を呼びかけていた第三科のニセ札製造に使った木造棟二棟の内部見学も行っていた。その後に惜しまれながら解体されてしまったが、見学者たちは無言のうちに内部に染みついた歴史の匂いをからだ全体で嗅ぎとろうとしていた。

ニセ札の資料を見せながら見学者に解説する渡辺賢二さんは、週末、この木造棟に立つことが多かった。この日も、木造棟の内部見学に付き添ったあと、ニセ札をかざしながら解説をつづけた——。

「日中戦争は武力だけでは勝てないということで、それじゃどうするか。その時、傀儡政権を打ち立てないとダメだということで、この汪兆銘政権をつくるわけです」

「で、日本の差し金もあり、一九四一年一月に中国に中央儲備（ちょび）銀行をつくります。ここでは儲備券という紙幣を発行し、蒋介石政権が発行していた法幣と戦います。儲備券が勝てば要するに汪兆銘政権が信頼されるわけですね。ところがなかなか中国の人たちは信用しないわけです、法幣がずーっと通用していく、ということで蒋政権の経済基盤をひっくり返せない。しかも、占領地区では軍票が使えますが、軍票もなかなか広がらず、占領した一部にしか通用してゆかない」

「この板塀の中から出入りできるのは三科に勤めた人だけ。二百数十人と篠田鐐所長。あとは中野学校出身の特務機関の人が出入りして、ここでつくった紙幣を上海に持っていって使用していたんです。だから、ここの登戸研究所の存在抜きには、あの戦争はできなかった、ということが大変特徴的なことです」

汪兆銘（汪精衛）

——日本ニュース（一九四一年）
汪精衛隊長　感激の訪日声明（東京）

——ナレーション

六月一八日、晴れの宮中参入を終えて麻布の中国大使館に入った汪精衛氏は、岡外交常務次長の通訳で感激の訪日声明を発表しました。

先ず、わが国皇室のありがたき激励のお言葉を賜ったことに心から感激、一層、東亜新秩序建設に邁進せんとする固い決意を併起しました。

一九日から行政委員長としての日程に入った汪精衛氏は同日午後七時から首相官邸で開かれた近衛（文麿）首相の主催による晩餐会に臨みました。集まる者、朝野の名士数十名。近衛首相の歓迎の辞に応えて汪精衛氏は、両国親善に身を挺して尽くすべきことを誓いました。

※汪精衛＝汪兆銘は一八八三年生まれ。日本に留学、法政大学卒業。孫文の革命運動に参加、蒋介石と対立し。反共親日派として和平運動を起こし重慶を脱出、四〇年に南京国民政府の主席となる。一九四三年一月、汪兆銘政権は日華協定締結。

しかし、重慶政府下において汪は国民の信頼を得られず、訪日中に名古屋で病死（一九四四年）する。現在でも彼の対日平和工作としての南京国民政府は「偽南京政府」とされ、在日中国人にたずねると汪兆銘を「売国奴」と呼ぶ中国人は多いと話す。

杉工作と松機関

［証言　久木田幸穂］

登研会に出席していた第三科の大島康弘さんの紹介で知った久木田幸穂さんは、眉の太い豪快な風貌でありながら、人当たりの柔らかい人物だった。その落差に惑ったが、撮影協力をお願いすると二つ返事で引き受けてくれた。中野学校出身者と聞いたので、「本気で証言してくれるだろうか」と疑ってしまったほど、曇りのない笑顔で答えてくれた。若い時代に、兵士とは異なる訓練と体験を経てきた「中野」ＯＢである。一匹狼として、登研の任務を背負ってどんな活動を中国で行ってきたのか、興味はふくれ上がっていた。形相が変われば眼光鋭く、敵を威圧する力にあふれていたにちがいないと、私は勝手な想像をめぐらしていた（登研の初期の頃、東京の繁華街でヤクザに囲まれたが、空手で全員なぎ倒した、と川津さんから久木田さんの武勇伝を聞いたことがある）。

後日、取材は三〜四回にわたったが、いつも快くカメラの前で証言してくれた。しかも、以前からテレビ局から取材の申し込みが再三あったということだが、それはすべて拒否してきたとか。多分、スタッフが学生だからこそ、自分の体験を語り継ぎたいと思われたのかもしれない。

若き日の久木田幸穂さん

その日、日本映画学校に近い民家の一室を借り、撮影を行った。カメラ担当の新井愁一の注文に応じ、ソファの真ん中に腰を下ろした久木田さんは開口一番、自ら経歴を語りはじめた。

「まず、私の経歴から話しましょう」

駆け出しインタビュアーの石原は久木田さんに先手を打たれ、思わず素直に大きな声で「はい」と答える。

「昭和一三（一九三八）年の一二月一日に近衛三連隊に入りました。近衛連隊。その近衛からね、あの、盛岡の予科士官学校へ行って、そこから陸軍中野学校に推薦されてね、それで行ったの。中野学校を出たのが昭和一五（一九四〇）年七月。出てすぐもう参謀本部の『第七課』に入って、上海機関の中で特にあの『登戸』の『杉工作』これを『杉工作』って言うんですよ。杉、木の杉ね。『杉工作』を担当したわけ。それで参謀本部では山本憲蔵主計少佐がその担当だったの」

「第七課」とは、参謀本部の「支那科」であり、主任務は「偽造紙幣」である。

石原は、「杉工作って、どんなものなんですか。どんなことをやるんですか」と身を乗り出す。

「杉工作というのはね、いわゆる敵の経済工作、対敵国の経済破壊、経済を攪乱する。それが主目的。なんで杉工作が起こったかというと、陸軍省の岩畔豪雄（いわぐろひでお）さんっていう人が、この人は陸軍省の軍事課長でしたが、『敵国の経済工作をしたらいいじゃないか、それをやったらどうか』って参謀本部に申し出があったんですね。で、参謀本部じゃ、第二部第八課がそれを担当して、山本主計少佐が担当者になって始まった。これが昭和一四（一九三九）年に始まった。そこで凸版印刷と巴川製紙が協力して、南方（マレー、インドネシアなど）の紙幣をつくったわけです」

「日本という国は戦争するとアメリカみたいに資源も食糧も豊かではないから、兵隊に食糧とかそういう物を持たせる余裕がないんです。どうするか。兵隊が敵地に上陸して戦う時、向こうの、敵地の食糧を自分でとって食べる、ということになりますから。結局、とって食べるんじゃ困るんでお金を兵隊にやろうじゃないかって。ところがそのお金は、グッドアイデアだけどないわけですよ。お金をつくらにゃならん」

ワハッハッハッハと久木田さんは豪快に笑う。学生たちはキョトンとしている。

「で、お金をつくって渡した。それでその、なんて言いますか、そういうわけで日本からお金をつくって持っていって、兵隊にこう、やっちゃったんですね」

――それは久木田さん以外に何人ぐらいが担当したんですか。

久木田「参謀本部では、担当は僕と山本憲蔵主計少佐。僕は中野学校の二期生ですから、他には四期生が二人いました。だから杉工作には三人。中野出身者が三人。あとは軍属が協力したわけですね。それまで東南アジアに占領地をつくった日本軍に運んでいたその国のニセ札は一時的だったので、それは『対支経済謀略作戦』が始まると終わったんです。つまり重慶政府に対する法幣作戦が始まったわけですね。それが杉工作。上海の松機関を通して大々的に行われたんですよ。もう、毎月ね。だいたい一億か二億圓。参謀本部が指示して登戸研究所でつくって。最初のうちは凸版印刷が印刷し巴川製紙の紙とでつくって使いましたが、あとで登戸に製紙工場を建て、紙までもつくっちゃったんですな」

松機関は一九四二年九月に発足した。本部は田公館。ここにニセ札が一旦集積された。

上海に運ぶ

――はじめてニセ札を上海に運んだ時のことは覚えていますか。

久木田「覚えていますよ。最初は、僕はね、長崎から船で持っていっとった。長崎から上海丸とか長崎丸とかね。それから神戸丸、神戸から出る。で、長崎経由で上海まで行く船があったんですよ。大東亜戦争前にね。荷物は大体一〇行李以内。そんな数量です。登戸でやっとこさつくったお金ですから、数量が少なかった。ところが、大東亜戦争が始まったら、こんどはもう香港、香港から持ってきたでしょ、向こう（註：蒋介石政権）のお金と印刷機と版を――。だから大々的にできちゃった。数量が非常に多くなっちゃった。三十何行李、四十何行李となっちゃうとね、運ぶのは大変だったらしい。中野学校の後輩の土本（義夫）君たちが担当したんですがね。そのころ、日本軍は敗けはじめてたから、日本のまわりの海にはアメリカの潜水艦が近寄って攻撃を狙ってた。長崎から上海の海上ルートは危ないんで、九州から朝鮮半島に渡ってね、それで列車で北支まわりで上海まで持っていった。非常に苦労したらしい。私の場合は戦前、大東亜戦争前でしたから、非常に楽でした（再び豪快に笑う）。数が少なかったですね。トランクで両手にこう持って、ちょっと旅行者みたいに腕を振りながら持っていったんです。トランクを持って。フッハッハッハ」

※土本義夫さんたちは上海に四回運搬。ニセ札を詰めた木箱を四〇～六〇個（一個は約四〇キロ）を二回目まで船で上海へ運び、三、四回目は潜水艦の攻撃を避けて朝鮮半島から陸路で運んだ。最後は一九四五年七月だった。

田公館と芸者

「当時、上海では芸者さんを集めてね、日本人の芸者さんにね、新しいニセ札と古いニセ札を混ぜ合わさせてね、それで大体、ありゃあ、金額いくらくらいかなぁ。これくらいの札束にして用途に応じて持たせてやったの。それがね、上海にあった田公館で登戸の金と中国人商社の民華公司（みんかこんす）で集めた古い金を混ぜあわせて、それを杉工作の作戦用のお金として使ったんです。

　これが田公館です」

　久木田さんが差し出した写真はすでに黄ばんでいたが、それだけ時の流れを感じさせるものがあった。久木田さんを囲んでいるのは全員日本人の従業員だという。この田公館は、蒋介石の腹心であった杜月笙（とげつしょう）の家屋だったが、保管を依頼された阪田誠盛（しげもり）が管理、松機関の本部としていた。

「いやあ、立派な庭付きできれいな家だったよ」と久木田さんは何度も賞賛した。それにしても敵である蒋介石一派と裏で平和工作をしたり、物資の交換をニセ札で行ったり。今の私たちには理解しがたい戦争の裏の実態である。

田公館前での記念撮影。左から２人目が久木田さん

「登戸でつくったお金を持ってね、川を渡って向こうは敵地区。この写真のね、向こうは敵地区です。この時は僕が梅機関に行ったんですね。印刷に使う桐油。この川向こうの地区がたくさん採れるので登戸の金で買うわけ。他に戦争資材を買ったり、タングステンを買ったり。それから銅幣。ドンペイ。そういうのを買ったり」

久木田幸穂さん

タングステンは合金や電球などのフィラメントに使う。梅機関は、他には、金や宝石、米なども買付けしていた、と文献などにある。
※梅機関は、汪兆銘の軍事顧問団。参謀本部謀略課の影佐禎昭大佐がつくった諜報機関。

――最後はどうなったんですか。

久木田「登戸のお金はね、使いきれなくなっちゃった。金が余っちゃった。だからしょうがないから、支那派遣軍の総司令部の兵隊さんの給料とか、いろんな支払いに使いなさいって持っていった。南京にあった総司令部にね。そうしたら軍人がとても喜んだわけですな。助かったって。お金を……ただもらうんですから。登戸のお金。しかも古いお金を混ぜてあるでしょう。ちゃんと、これはいくらいくらって計算してね、渡すんですから。あの、陸軍少将がね、頭下げて、ワーッて感激しとったよ」

笑いながら久木田さんは深々とお辞儀する。その光景は末路に追い詰められた日本軍のあがきとして眼に焼きつく。笑うに笑えない悲劇ではないか、と私は思った。

南方軍のニセ札

久木田「タイのバンコクにね、三五行李。昭和一七（一九四二）年になってからニセ札をだいぶ運びましたね」

――インドのルピーとかもつくっていたでしょ。

久木田「インドルピー――。あ、はい」

――あれは日本軍の方針としてはインドを独立させるために……。

久木田「そうじゃなくて、インド独立させるんじゃなくて、兵隊、あの、日本軍は携帯食糧とか、軍の……あれがないわけ。輜重隊（しちょう）がね。つまり、軍が生活するだけの物資や食糧がない。いわゆる没収するしかない。襲撃して捕まえて奪って食べる。それではまずいので、兵隊に払うお金を持ってった。そう、軍命ですからね、参謀本部の計画だったんですね。我々はそのお金を配布したわけですよ」

※輜重隊＝軍隊に欠かせない食糧や兵器を運ぶ任務を担当。

久木田「大東亜戦争が始まったら、すぐにね、南方軍にお金を持っていくのが僕の任務。マレーのお金とか、インドネシアのお金とか。そういうのを持っていったわけですよ」

――例えば本土と連絡とる時は書類でやりとりするとか、暗号でやるとかするんですか。

久木田「うーん。そうね。ま、暗号もいろいろやりましたけどね。もうね、暗号とか語学。英語、マレー語、中国語。みんなそれぞれ専門的にやりましたよ。その他のこともね、いろいろね。ごっついこともいっぱいありますわ。爆破とか、いろいろとね。ワッハッハッハ」

第八章　杉工作と中野学校

本物のニセ札をつくる

［証言　大島康弘］

登研の出世頭と言われる第三科の大島康弘さんは、巨大な印刷会社を経営している。本社は大阪だ。私たちは自主製作で大阪まで取材に行く旅費がない、と連絡すると、埼玉県行田市の行田支社工場に出かけてきてくれた。インタビューは工場内の応接室で行った。

大島さんは高校の機械科を卒業すると、わずか一五人くらいの卒業生に対して三〇〇社余りが就職先として求人が殺到していた。余裕の選択だったという。結果は、新宿の戸山ヶ原にあった陸軍科学研究所を選んだ。新宿の淀橋に住んでいたので歩いていけることと、こういう所に入れば戦地に行くことはないだろうと予想しての選択だった。だが、憲兵隊による身元調査は厳しく、しかも、いったん入所すると秘密厳守を誓わされ、勝手に辞めれば「逃亡」と見なし銃殺もあり得ると強迫

香港印刷局前での記念写真。前列左から二人目が大島さん。

大島さん（左）と久木田さん、登研５号棟前で

された。

配属先はニセ札の印刷部門。機械関係ではなく、大島さんにとっては思いもよらない仕事に就くことになった。その後、登戸出張所に配転。陸軍参謀本部命令によるニセ札づくりは拍車がかかったが、手作りによるニセ札は、ドル紙幣をはじめなかなか成功せず、内閣印刷局の技術指導を受けながらも大量発行には至らなかった。

真珠湾奇襲攻撃（一九四一年一二月八日）後、香港を占領していたイギリス軍に対して日本軍は猛攻撃を浴びせ、一二月二五日には香港を占領、イギリス軍を降伏させた。

――香港には何があったんですか。

大島「香港には重慶政府の印刷局があったんです。占領後、すぐ川俣少佐と同行して接収に行きました。向こうの印刷機と付帯設備、それから紙幣の原版なんかを占領軍と一緒にバッと入って、バーッと……かっぱ……ら……ってきたんですよ。ですから本物の版を持ってきちゃったんですからね。それまでの手作りのニセ札ではなくて、コピーすれば本物が印刷されるわけですから、もうニセ物も本物もないんです。たまたまつくる場所が香港から東京に移っただけですね」

「ま、重慶政府もあきらめて、ニセ札が出廻ってるなんてことは、全然発表しなかった。日本が出したニセ札の本物を、そのまま受け入れていたんです。日本が印刷を半分助けてくれてるぐらいの考えだったと思いますよ」

——「香港總攻撃」ニュース

記事　朝日新聞　昭和一六（一九四一）年一二月二六日付

「香港の英軍降伏す」

——大島さんが出かけたのはいつですか。

大島「私は昭和一七（一九四二）年一月に香港に飛びました。そして印刷関係の物を接収してきたんです。

——英雄みたい、ですね。

大島「いえ、そんなことは——。単なる海外出張です。誰もが上海なんかへ行ったり来たりしてましたからね。製品や原版なんか、一緒に第三科の仲間と行って持ち帰ってきましたから」

香港占領から三カ月後の三月七日、日本軍は旧ビルマの首都ラングーンを占領。ここでも蒋政権の印刷機と大量の未完成法幣を発見、必要物資の購入代にあてた。

命がけだったニセパスポートつくり

――実際に戦争に結びついているという感覚は、当時あったんですか。

大島「なかったですね。あの、パスポートをね、ずいぶん三科でつくったんですよ。スパイを送りこむための、身分証明書ですね。どこの国かと言うと、ロシア、ソ連ですね。これなんかは、パスポートが偽物だとわかったら命にすぐ関係しますから、緊張感がありました。紙幣の場合は、これはニセ札だって言われても通用しないだけですけど、パスポートの場合、殺されちゃいますからね。ですから全部で五〇〇冊つくったんですけどね、パスポートを綴じる針金まで分析してですね。針金はカーボンが何パーセントって言ってね。わずかばかり注文出せませんから、何トンって注文して、で、使った針金は一〇〇（メートル）とかね」

――それは中野学校の人たちが……。

大島「ほとんどロシア人ですね。白系ロシア人を使って、飛行機でシベリアに送りこんでパラシュートで降ろしちゃうんですね。で、無線機なんかも持たせて。シベリアの情報はこうして全部送らせたんです。ハルビンには白系ロシア人はいっぱいいましたからね。それを連絡していたんですね、関東軍がやってたんです」

※白系ロシア人以外には、日本浪人、朝鮮人、中国人もスパイとして使った。

阪田機関と陸軍

――中国では日本でつくったニセ札をどうしたんですか

大島「中国には阪田誠盛が中心となった阪田機関があってですね、中国人の商社を使ってニセ札での買い付けをやったんですね。北支那、北京とか蒙古に近いところとか、あるいは朝鮮半島の付け根にあたる丹東（たんとん）とか、全中国にまいてニセ札でインフレにするのが目的ですから。向こうが『一〇〇〇圓』と言ったら一五〇〇圓出すから売ってくれというやり方で物資を買い集めたんですね。その資材は全部日本に送っていました」

阪田機関の集合写真。前列が阪田誠盛

軍需用品や石油などもニセ札で買い漁った。また現地の日本兵の給料もニセ札で払っていたという話ですと、大島さんは証言する。

「全部でつくったニセ札は四〇億圓。ただ、戦後になってわかったことは重慶政府が終戦当時発行したのは何兆圓という額だったそうですから、たとえ一兆圓だったとしても、四〇億は零コンマ数パーセントになりますからね。この計算だと役に立たん、と言う人もいるんです」

「ただ、高額紙幣を重慶政府が出すようになってきてましたから、それだけインフレになった、何か効果があった、と私は思うんです」

ニセ札づくりは無駄だった

［証言　川津敬介］

――登戸研究所は内閣印刷局との関係はあったんですか。

川津「内閣印刷局とですか。ものすごく密接な関係がありました」

――具体的にどういう関係があったんですか。

川津「内閣印刷局のね、印刷の専門家が登戸に来てね、嘱託ですよ。私たちに教えたんですから、印刷のやり方を。内閣印刷局の二倍も三倍も給料が出たんでね。上の方の人には凸版印刷からも来てましたよ。技術者が、素晴らしい技術者が――。そういう人が来なけりゃ、登戸だけの成上りの人にできるわけないですよ」

――川津さんはニセ札っていうのは、どういうニセ札をつくってたんですか

川津「昔、仏印。フランス領インドシナのことをそう言ってましたが、その中のベトナムを日本が占領するから、そうしたら同時に使おうと、ベトナムのニセ札をつくってたんです。基になる全体の図柄は美術大学出た人でしたが、名前はなんていったかな……。その人が嘱託か何かで呼ばれてきてね。川津さん、ベトナム用の札、基をつくったから地紋をやってみてくれってね。で、まごまごやっているうちに陸軍がベトナムを占領しちゃったでしょ。予定より早く。だから、いらなく

なっちゃった。お札は。じゃあ、どうしたかというと、日本のお札を持っていって日本の一〇円、それに『軍票』、軍票って版をポンて押してそれで使っていたんですよ、ベトナムではね。日本の我々が当時、使っていた一〇円札を。だから私のやってたことはね、無駄と言えばえらい無駄なんですよ。なんの役にもたたなかった」

――中国ではニセ札はどういう効果があったんですか。

川津「阪田機関というのがあってね、その人は、つまり阪田誠盛は中国人を奥さんにもらって組織を固めたんですね。まぁ、取引相手はマフィアみたいなね。泥棒みたいな。半分、泥棒だなぁ。そういう人がニセ札をさばくんですよ。さばくったって、ただまくんじゃなく、物を買うんです、ニセ札でね。膨大な物量をまとめて買って、それが現地の食糧になったりね。レアメタルとか、貴金属、金属。そういうのを買って内地に送るとかね。だから、ニセ札はそういう意味では、えらい功績があったんですよ。……戦後に……なって……」

突然、落雷の大音響――。

「ここは雷が多いんですよ。栃木県は雷の多いところだから。雷様(らいさま)、雷様って言ってね」

実は、石原も私も落雷の音で「……戦後……に……なって」という言葉が聞こえていなかった。カメラは収録していたが――。戦後になって阪田機関がどうなったかを川津さんは話そうとしたのかもしれない。阪田のことは私もまったく知らなかったため、川津さんから続けて話を引き出すことができなかった。

「中国通信」の記事

久木田さんは二〇〇九年末に自伝『天興の人生——昭和の戦乱を踏み越えて』という小冊子を自費出版しているが、その中に「杉工作」と見出しをつけ一三頁にわたる記録を載せている。その一部を転載する。ただし、この記録は久木田さんの文章ではなく、『中国通信』（二〇〇二年春季号　翻訳山辺悠喜子／大石卓）の掲載記事である。原題は「日本在侵事戦争時期対重慶政権的偽鈔工作」とあり、作者は房建昌。中国側の視点で報じた記事である。

その一部を転載する。

日本軍による上海を中心とした華東地区に侵略後、占領地物資の略奪手段として軍票の発行を強行したが、当然ながら反発され、金融流通面で大きな障害となった。当時もまだ事実上は法幣が流通していたのである。この時期、日本の経済界は上海を中心とした華東地区の権益を独占しようとしたが、蒋介石支配地域の物資購入は軍票は使用できず、外貨や法幣の獲得も非常に困難であった。したがって日本軍は法幣の偽造を決定し、蒋介石支配地域の物資を奪い、日本に抵抗する蒋介石政権の経済基盤に揺さぶりをかけたのである。これは極めて一石二鳥の策略であった。（中略）

山本（憲蔵）はその頃、汪兆銘政権統税局顧問となっていた新田高博に流通している法幣のナンバーを逐一報告させ、偽札のナンバー重複を予防した。

また「その他の機関の関与」の小見出しには里見機関についても、次の指摘がある。

機関の名称は「アヘン大王」里見甫の姓からとったものである。上海が占領された時期、里見甫は日本人アヘン商と知れ渡っていた。里見機関は日本軍の勢いに乗じて、日本軍占領地域で中国の幇会の力を利用しながら広範囲にわたるアヘン販売網をつくり上げた。貨幣取引も極めて里見機関を利用して大量の偽造法幣を使用したのである。

久木田さんに、ニセ札とアヘン販売との関係の有無をたずねたが、「自分は関係ない」と否定した。

※法幣のニセ札は、一九三九年から敗戦まで約四五億三〇〇〇万元を製造、うち使用した量は二五億元。

漢奸罪で友を失う

「僕ら（中野学校ＯＢ）は陸軍に関係があるんですけれども、月給が出とったらしい。だけどなんか他の連中がね、僕らの月給をみんな使っとったらしいな」

「ヘッヘッヘ」と久木田さんは笑うが、恥ずかしくて笑ったのか、照れ笑いだったのか……。

「僕らね、参謀本部とつながりのある民華公司とか華新洋行、中国人をボスにした商社に二億もの金を預けとった。銀行にみんな金を預けて、もうえらい金を扱っていましたから。それの報告書がこの前、お見せした、そうそれですね。毎月、僕はきちんと精算して報告してたんです。お金はいろいろ換金しちゃって、軍に納める資材なんかも買ってあったわけです」

「この報告書は昭和二〇（一九四五）年七月三一日に出したものですけど、日本はもう危ないよ、沖縄もやられた、どこもやられた、上海ももうだめだからって、天津にみんな移そうとして、それで民華公司の代表を任せていた沈恭（ちんきょう）さんと奥さんの二人をね、僕は連れて北京に行った。八月六日だった。戦争は中国では八月二〇日が終戦。その時、沈恭さんは敵に通じた裏切り者ということで漢奸罪に問われて捕まった。日本軍に協力した罪だっていうことで、ひっつかまって銃殺されちゃった」

「……それが僕が南京に戻って総司令部に来た時に聞いた。お前も危ないぞ、お前は姿を隠せって言われたんですね、日本に帰れって。しかし、もう帰れなくなっちゃった」

沈恭は日本に留学に来た中国人。九州帝大を卒業して医者になったが親日派だったため、陸軍が接近し、上海につくった民華公司の代表となっていた。

久木田幸穂さんの帰還は一九四六（昭和二一）年三月、上海陸軍部の応援を得て帰国したが、阪田誠盛の要請もあって急ぎ決行したという。その中味については明らかになっていない。阪田誠盛のグループが住む川崎区生田の集合住宅に身を寄せ、銀座にあった阪田の貿易会社に通勤していた。その後、晩年の阪田が熱海で没落するまで面倒を看たという。

ある時、取材中にひと息入れ、久木田さんが用意してくれたお茶を飲んでいると、昔を懐かしむように「中野学校ではいろいろ教わりました。語学は、マレー語、英語、インドネシア語、中国語……。通信手段も無線の他にいろいろとね。伴さんからも教わりましたよ」とひとり言のように話した。時代の波に逆らえなかっただけに、久木田さんにとっての青春は、楽しくもあり、悲しくもあり、だったにちがいない。

※伴繁雄は陸軍中野学校で「爆火薬学」を教えていたことは、当時受講した生徒のひとりが記録に残している。原文のまま書き写すと次のとおり。

——爆火薬学　之を伴少佐に学ぶ　爆薬火薬の燃焼速度及爆発圧力等此種の持性論はガソリン・石油重油の内燃機関父領の現今、今にして有難き知識なり　今をときめくロケットの発進に用ゆる爆薬は当時尺薬と称するものなり、この発明は他ならぬ伴少佐によるもの也　爆薬を固形化し二分間を持続的に燃爆せしむるに成功せり　当時試射せるロケットが空高く雲間に消え去る姿に目を奪われることを思い出す。（『徳攘録』陸軍中野学校四戌会、佐藤正義）

このロケットの実験は、登研の三田っ原で行われていたと聞く。

「松機関」の実態

阪田誠盛は北京師範大学を卒業後、熱河作戦（一九三三年二月発動）において軍需物資の輸送を引き受け、のちに対支経済謀略作戦としてニセ札を発案した岩畔豪雄大尉と組んで上海に進出。阪田は偽法幣を流通させるため、民華公司、華新洋行など、表向きは貿易会社の看板を揚げる商社を立ち上げた。これが「杉工作」の現場工作機関である「松機関」の実態だった。上海のマフィア的存在の青幇（ちんぱん）と通じ、広く地下のネットワークを通して、ニセ法幣の流通に最も関与した。青幇の大首領は杜月笙。子分に徐采丞（じょさいじょう）がいた。阪田の妻となったのは青幇の幹部の娘だった。阪田は岡田芳政中佐のもとで民間人として松機関の実務を握り、アヘンを売買した里見機関あるいは海軍の児玉機関とも接触してニセ法幣による功績を上げた。

　中野学校は参謀本部下の陸軍省兵器行政本部が企画。それにもとづき設置された近代的スパイ教育の実施機関であり、「登研」の各種試作資材の実用的運用機関であった。

第九章　敗戦を迎えて

三県に分散疎開

一九四四年に入ると、米軍の空爆による本土攻撃が始まった。正規航続距離四五〇〇余キロメートルのB29爆撃機は、中国・四川省を飛び立ち六月一六日に北九州を空襲。一〇月一〇日には、延約一四〇〇機の米軍機によって、沖縄県那覇市は壊滅的被害を蒙った。

一方、登戸研究所がある川崎市は軍需産業都市であったため、一一月二四日以来、約二〇回に及ぶ空爆を浴び、工業地帯や市の中心部はほぼ廃墟と化した。ただ、米軍は登研を〝温存〟する気があったのか、その二カ月前、艦載機による機銃掃射はあったが直接、登研をターゲットにした爆撃はなかった。それでも逃げ遅れて死んだ者もいた。急いで防空壕を掘らされたと証言する女性事務員もいる。その後、四五年五月二五日に空襲が生田地区に集中、死者五名、家屋焼失十数戸の被害を出したが、この時も登研は〝温存〟された。

参謀本部の命令を受け、篠田所長は未完の兵器や資材をかかえた研究開発をさらにすすめるため、長野県、福井県、兵庫県の三県に分散疎開することを決め、各科、各班ごとに移動計画が実行された。多くは長野県内に分散、本部（長野県の中沢村国民学校＝現・駒ケ根市立中沢小学校）、第一科、第二科、そして第四科の各一部が該当した。ここを関東分廠とした。

だが、なぜ多くが長野だったのか。長野県赤穂高等学校の木下健蔵教諭が著した『消された秘密戦研究所』（信濃毎日新聞社、一九九四年）の中で「疎開」について触れている。理由の概要はこうだ。

本土決戦は避けられないと考えた陸軍参謀本部は、戦争の最高指導機関である大本営を安全な場所に移そうと候補地を検討。二転、三転して長野県の松代に決定した。四方を山に囲まれ、水源も多く、空襲もない。日本の中心部であり、最後の砦にふさわしいと思われた。建設は一九四四年一一月一一日（一一月一一日は第一次世界大戦の戦勝記念日）に始まった。

言わば、長野は「神州」（信州）であり、松代大本営（天皇の遷座も計画されていた）を本土攻撃から守ると同時に、軍事機関、軍需工場の一大疎開地となっていたことが、秘密戦資材開発に有益な条件を得られるという計算だったと言われている。

他に福井県武生町は三科の半数が移り、北陸分廠とし、兵庫県の小川村には一科と四科の一部が移る。ここは関西分廠とした。

「ニッポン負けたァ」

［証言　五十嵐信夫］

「話せないこともある」という五十嵐さんの返信に「それでも取材にご協力を」と再度お願いして取材が実現。場所は、神奈川県大船。駅前で待ち合わせ、タクシーを拾って予約しておいた市営の会館へ。戦後、横須賀米軍基地で印刷関係の仕事をし、アメリカ本土にも長い間滞在して米軍に協力していたという五十嵐さんは、予備知識のイメージとは異なり、ソフト帽をかぶり、物腰のやわらかいダンディな紳士の印象を受けた。

［聞き手は石原たみ］

——具体的に五十嵐さんが行っていた作業についてお伺いしたいんですけど、どのようなことをされていたんですか。

五十嵐「えーとね、最初に入った時はね、紙の分析。それから印刷のインクの分析をやれって言われたんだけど、これはできなかったね。そん時までは私はニセ札つくってたなんて全然知らなかったですからね。その研究室に入って初めて現物（本物の法幣）を見たわけですよね。で、紙の分析はできます。顕微鏡使えばどんな紙か、すぐわかりますから。その、印刷してある顔料、使っているインクね、これは分析するには札を壊さなきゃできない。でも壊しちゃいけないんだから困った。岡田（正敬少佐）さんに相談して紫外線鑑識機一台買ってもらって、現在つくっているニセ札と現物とを持ってきて見たんだ。そしたらまるっきり違うのね」

「だからニセ札を現物に似せるために、私の担当では印刷用の顔料とかイ

五十嵐信夫さん

ンクとか、どんどんテストして合わせていった。そうしてこのインクなら大丈夫だ、ということで現場の方へ指図してやってね。あの、紫外線鑑識機はとっても有用ですね。違いがまるっきりわかるんですからね」

——話は変わりますが、五十嵐さんは日本が負けたことをどこで知りましたか。

五十嵐「終戦？　えーとね……。福井県の敦賀の駅ね、国鉄の駅で知りました。あん時、敦賀の港からズーッとぼくは貨車に乗ってたんだよね、荷物と一緒に乗ってた。そん時に転轍士（てんてつし）が向こうで赤い旗振って『ニッポン負けたぁ』って叫んでいましたよ。で『おーっ、負けたのか』って思ったんです。だから私は玉音放送なんか聞いてませんよ」

——その時って疎開先に向かっていたんですか。

五十嵐「うん、敦賀の港から貨車に荷物を積み替えて粟田部（あわたべ）に向かっていた途中です。途中ね。それで粟田部に持っていって焼却したんです」

第三科の疎開は、半数が福井県武生町粟田部の製紙工場や倉庫に印刷材などを移送、米軍の空襲を避けてニセ札製造を続けるつもりだったが敗戦となり、機材や原版、紙幣などの資材となるものは、粟田部で焼却や海洋投棄して証拠隠滅を行ったと言う。一方、登戸では残りの半数が留守組となり印刷は続けていた。

——登戸に帰ってきてからは、こちらも証拠隠滅しなければいけないじゃないですか。

五十嵐「うん、だから帰ってきた時にあの丘陵地帯に穴を掘って、そこに札束を放り込んでるんですよ。こんなことやって、大丈夫かなって思ってね。言ったんですよ、大丈夫ですか、こんなことやって。宅地造成なんかで山崩されたら札束は出てきますよ。紙は腐らないからね。そう言ってやったんですよ。それでこんどは焼却って簡単に言うけどね、燃えないんですよ。札はバラバラなら燃えますけど、こう固まったやつはなかなか燃えないんですね」

八月一五日、陸軍省軍事課から証拠隠滅命令が通達されていた。

※その日の朝陸軍省軍務局軍事課は「特務研究処理要領」を通達。「敵ニ証拠ヲ得ラルル事ヲ不利トスル。特務機関ハ、全テ証拠ヲ湮滅スル如ク至急処理ス」と――。

――原版はどうしたんですか。

五十嵐「原版……原版、知らない、どうしたか」

沈黙する五十嵐さん。その表情を読もうと、しばらく石原も無言で見入っていた――。

登研に残っていた印刷機については、どうだったか。登戸では第三科の大島康弘さんが八月一〇日に「五日以内に解体してくれ」と命令されている。疎開先に移送するものと思っていた矢先だっただけに信じがたかったので、「急いで解体すると、組立てる時が難しいですよ」と上司に反発した。だが、聞き入れられず、泊まり込みで部品をバラし、一部は埼玉県の民間の炉で溶かした。燃えるものは研究所内で燃やし、八月末まで煙突から煙が出ていたと大島さんは語っている。

※粟田部に設置した印刷機ほか機械は、二〇二頁を参照。

戦後は横須賀米軍基地へ

――伴繁雄さんには直接お会いしたことはあるんですか。

五十嵐「伴さんとは戦後ね、お互いに横須賀にいたことがあるからね。横須賀の米軍基地で仕事をやってたことがあるんです。その時、伴さんと一緒だったですからね」

――米軍の仕事って、どういうことですかね、どんなことをされたんですか。

五十嵐「（ニコリと笑いながら）それは言えないですね、はっきり言いますけど。それは言えません。どういう仕事をやったかということは、今でも言えません。墓場まで持っていきます」

電話で取材申し込みをした時、「話せないこともある」と断ってきた内容は、戦後の米軍基地内でのことだったのか、と思う。

「まぁ、印刷に関係した仕事です。そこまでは言いますけどね。……私は一番嫌いな印刷がずーっとつきまとってきたんですよ、今まで……（自嘲の笑いをもらす）」

会話が行き詰まり、石原が珍しく黙りこんだ。数秒間の沈黙――。このままでは会話が途絶える。もう一歩踏みこんだ質問が欲しい。だが、石原は珍しく沈黙をつづける。

五十嵐さんは手にしていたペットボトルの水をグィッと飲み干している……。ピンチヒッターのつもりで私は間合いを見てさり気なく切りこんだ。

――アメリカとか横須賀で働いていた話ですが、もし、それを拒んだらどうなるんですか。当時、戦犯に問われた人たちもいますが、そういうことになっちゃうんですか。

五十嵐「あれは、ならないんですね。三科の仕事に携わった人で戦犯になった人はひとりもいない。むしろ、アメリカが利用したのね、三科の技術を利用して、利用するために……。だいたい科長の山本憲蔵大佐なんて、戦犯になってもおかしくない人なのに」

山本はアメリカに招かれ帰国後、宝石鑑定士となり、後に同協会理事長に就任。晩年は再婚して豊かな生活を送ったと聞く。

「それから満州の七三一部隊の石井四郎。中将だったか少将だったか、彼も戦犯にならなかったでしょ。みんなアメリカがその技術が欲しく、自分たちに利用しようとしたためにね、戦犯にならなかったんですよ、ね。だから、その技術を利用するために僕らを、三科の技術を利用するために僕らをアメリカに連れていった。で、言えないような仕事をさせたということね」

一気に語ったあと、五十嵐さんはちょっと唇を噛みしめ、また沈黙にもどった。

――のちに朝鮮戦争とかベトナム戦争がありますが、そういうことに関連があるんですか。

五十嵐「まぁ、朝鮮戦争には関連があったかも知れんね。ベトナム戦争には関係ないね。朝鮮戦争には関係があったですよ。あの時、中共（軍）が出て来て（参戦の意味）それで韓国軍と米軍がずーっと釜山付近まで押されてきたでしょ。あん時ね、もしかすると横須賀が危ないかもしれんから、仕事をアメリカに持っていくって話が出たことがあったんですよ。それで僕らがアメリカに行くようになったんじゃないですかね。まぁ、そのあと米軍がね、逆上陸やって押し返したんだけどね、三八度線まで押し返したと――」

――みなさんとアメリカの仕事の関係に日本政府も絡んでるんですか。

五十嵐「日本政府は絡んでないです。日本政府が絡んでいれば、横須賀のあの時代の一〇年間っていうのがね、年金もらえたと思いますよ。日本政府が全然絡んでないからね、その間空白になっているんです。アメリカの年金制度には一〇年ぐらいでは足りないし。だからアメリカの年金ももらえないし」

――日本政府は、みなさんが横須賀とかアメリカとかで働いていることは当然把握しているんでしょ?

五十嵐「当然把握してるでしょうね。把握してると思いますよ。ただ、どうですかね、把握してるかどうかは……わからないなぁ……」

――たとえば、こういうことなんだからその間の年金を穴埋めしろとか、厚生労働省の窓口に行ったりしてはいないんですか。

五十嵐「あっ、この前行きましたよ。そしたら、あなたのは（横須賀基地に）入った時から消えてる。そう言いましたよ。厚労省は忘れてたんですよ。今年の八月かな、横須賀にあるんですよ、窓口が。そこに行って聞いたらね、書類を見せてくれたんです。なるほど、私の一〇年間は空白になっていました」

横須賀米軍基地（極東海軍司令部）には、アメリカの要請で山本憲蔵が元研究所員に声をかけ、十数名（一二名説あり）が雇用された。その〝秘密の任務〟については、『謀略戦　陸軍登戸研究所』（前掲）の中ですでに明らかにされていた。

「集まったのは、印刷インキ、機械（印刷機）、製紙、製版、レタッチ、材料分析といった腕をもつ法幣グループの仲間で、仕事は『偽造』だった。手掛けたものは、中共、北朝鮮、ソ連軍の軍隊手帳、身分証明書、その他文書を偽造することでした」

これは科員のひとりが告白証言したものと思われる。実際にこれらを使い、米・韓国軍の特殊部隊が変装して北朝鮮人民軍に潜入し、情報を送ったという。

「ベトナム戦争には関係はない」と五十嵐さんは明言したが、米軍が南ベトナムの解放区の上空からニセ札をまいたというニュースや、あるいは朝鮮戦争で生物化学兵器を、ベトナム戦争では枯葉剤を使った陰に「登研」の研究員の〝貢献〟があったのではないかという説がある。

一九五二年夏、彼らは渡米、サンフランシスコ近郊に住み「ネービーステーション」にかよった。その後、七、八年で帰国した者もいれば残った者もいるという。だが、アメリカで何をしたか、誰ひとり口を開く者はいない。

※七三一部隊は旧日本陸軍の細菌戦部隊の秘匿名。正式名称は関東軍防疫給水部。石井四郎は初代部隊長。一九三六年昭和天皇の命によって設立された。部隊の施設は二年後、ハルビン（哈爾濱）から二四キロ南にあるピンファン（平房）に出現した。「東京で人々が飢えている一方で、満州の奥地平房に出現した東郷村では潤沢な食糧が支給されていた。満州の厳寒の冬に備え、建物はセントラルヒーティング、水洗便所もあった」（『七三一部隊の生物兵器とアメリカ』ピーター・ウイリアムズ他著、かもがわ出版）

戦後の生き残り方

［証言　大島康弘］

——あの日はゴタゴタしていましたか。

大島「私どもが知ったのは八月一五日です。山本（憲蔵）さんあたりは八月一〇日くらいには知ったみたいですよ。機械の解体は、ですから一〇日過ぎに壊せって言ってきましたね」

第三科の大島康弘さんは、上層部は敗戦を知りながら部下に真実を伝えなかったことに不満の色をにじませる。

八月一〇日、何があったのか——。記録によれば、前日から開かれていた御前会議は午前二時半、国体護持を条件に、ポツダム宣言受諾を決定（ポツダム宣言は七月二六日に発表されたが、二日後に鈴木貫太郎首相が黙殺、戦争継続の談話を発表していた）。政府は中立国を通じて、連合国へ申し入れる。秘密裡にすすめられた敗戦処理は、さまざまな戦地でも戦犯逃れをする工作が起きた。

「上海の阪田機関は八月一〇日に飛行機一台出してもらって帰国してるんですね。『おまえら戦犯として一番狙われてるから早く帰れ』って言われてね。阪田さんは陸軍で、一方の海軍は児玉誉士夫。児玉機関といって海軍の特務機関です。彼は戦後、政界の黒幕として暗躍した人です」

「で、部下を連れて阪田はニセ札だのでダイヤモンドとか金塊を買いとって、飛行機に積めるだけ積んで立川に帰ってきたという話です。要領よく、サーッと逃げてきたんですね。本来なら持ち帰ってきたダイヤモンドなり金塊を陸軍省に返納しなければいかんのですけどね。阪田さんはその後、銀座でビル一つ買っちゃいましてね。阪田交館と言ってですね、それで阪田は昔の中野学校の仲間を集めて中国との密貿易をやったんです」

その結果、「海烈号事件」によって阪田は逮捕となり、全財産没収となった。

※「海烈号事件」は一九四九年八月に起きた密輸事件。「海烈号」は中国国民政府の船で、香港からサッカリン、ペニシリン、ストレプトマイシンなど、五億円相当の品を川崎の埠頭に陸揚げしようとして捕まった。その中に阪田誠盛もいたが、占領下だったため、GHQは阪田を無罪とした。また裕誠社は阪田と山本憲蔵が共同で設立したが、失敗。出資返済がこじれ、山本の妻が部下に殺される事件も起きた。この裕誠社は稲田登戸にあった三科の職員寮を買い取り、松機関のメンバーの住居としていた（久木田幸穂夫妻も入居していた）。

阪田の暴走は、大量の金塊空輸に因をなす。その裏で陸軍参謀副長の河本芳太郎少尉の指示があった、と久木田幸穂さんは証言している。が、どこまでの関係かは語っていない。

「海軍の児玉機関の方は自民党の鳩山一郎に全部政治献金したそうです。それで児玉誉士夫は政界の黒幕で、ものすごい力を持つようになったんですね。ロッキード事件でいろいろ問題起こしましたけど。ま、児玉さんの方がやり方が上手だったんですね。阪田さんはその後、熱海に豪邸を建てて住んでいたんですが病気になり、晩年は惨めだったと最期を看取った久木田軍曹が言ってました」

――登戸で身に付けた技術を大島さんは戦後に活かされたようですが……。

大島「私はね」

一息おいて「これはまだオフレコなんですが、戦後、山本大佐や篠田所長はGHQに呼ばれたんです。で、戦犯になるって、びくびくして行ったんですが、登戸の謀略兵器であるニセ札なんかの印刷技術に目を付けたんですね。ちょうど、朝鮮戦争が始まるって時でしょ。逆にその技術をアメリカが欲しかったんですね、米軍に協力してくれって。しかも前官礼遇で軍属の人も嘱託という立場ですからね、三〇人くらいアメリカに行っちゃったんです」

一九五〇(昭和二五)年頃に山本憲蔵から三科の部下に連絡があり、米軍への協力が要請された。そしてヨコスカ・ベースに勤めたあと、サンフランシスコに移住したことは明らかにされている。大島さん自身はヨコスカに行ったかどうかは語ってないが、少なくともアメリカ組ではなかった。

大島さんの取材は、二回行った。最初は埼玉県行田市にある明和印刷行田工場内。二回目は二年ほど経ってから大阪本社に新井と石原の三人で訪ねた。その時の大島さんはからだがひと回り小さくなったように思えたほど、やつれた姿で声に張りがなかった。本社の一階には自社製品の展示ホールがあり、世界の市場の一割を占めていたという携帯電話の文字印刷や、テーブルクロスやシャワーカーテンのビニールに施す特殊印刷が、商品の展示によってその技術の素晴らしさを見ることができた。登研で身に付けた印刷技術に創意を加して、時代の波を乗りこなした大島さんの不思議な存在感が心に残った。

――東南アジアにも工場があると聞きますが。

大島「インドネシアにね、従業員が三〇〇〇人。敷地面積が五万坪あります。そこでは自動車やオートバイの座席にカバーするビニールの加工ですね」

と得意気に石原たみに語りかける。

病弱だった登研時代を乗り越え、米軍に身と技術を委ねず、己れの独創力で戦後を駆け抜けてきた大島さんにとって、アメリカ組やその首謀者となった山本憲蔵に対しては、黙ってはいられない闘争心があるようにも思えた。

一年後、大島康弘さんは肺炎にかかり、あっけなく亡くなった。「映画の完成を観たい」と身近な社員に話していたと聞いた私たちも、観てもらいたかった、と残念だ。

周囲が口をつぐむ中、ことニセ札に関して何もかも明けっ広げに語ってくれた大島さん。秘密のニセ札づくりにかり出され、思わぬ犯罪行為に手を染めてしまったことに憤りがあったのではないか。もう一度、インタビューしたかった。

葉山の旧邸宅を訪ねる

伴和子さんは四三歳の時に見合い結婚して、繁雄との夫婦生活を始めたのが、神奈川県葉山の高級住宅街。石垣を組んだひと際高い台地の上にそそり立つその旧邸宅は天守閣のようだ。ここで繁雄は自伝的告白本『陸軍登戸研究所の真実』を執筆した。

「訪ねてみませんか」と和子さんを誘ったのは私だ。夫の姿が沁みこんだ邸宅で和子さんは何を思い出すか。ごく自然に出てくる言葉を聴けば夫婦の関係が読めるのでは、という狙いがあった。

この屋敷は、和子さんがひとり暮らしをしているマンションから一キロと離れていない。前もって現在の家主に電話をかけ、撮影の了承をとってから訪問した。入口の門を入ると緑の多い庭があった。やや躊躇していた和子さんだったが、家主に「どうぞ、どうぞ」と誘われて庭に入ると急に昔が甦ったのか、「あっ、あの梅も」「広く大きく育ちましたね」「ああ、そのままです」「この石も、この木もそのままです」「ああ、このもみじも」と舞う蝶を追う少女のように植込みを見まわした。

「繁雄さんはほんとにお好きだったんですね、すごくいろんな種類があって」

石原が寄り添うようにして話しかける。

「そう。こんな風につつじの芽が出てくるとはさみをもってきて、チョッチョッチョッてすることが主人の好みだったんですね。趣味ですね」

やわらかい日射しをうけた庭の緑が眩しい。

「朝から夜まで書斎にこもって書きものに集中していると、昼食の後に外に出てきてね、枝を刈ったりするのが開放的で好きだったんですね」

和子さんには夫の姿が見えているかのように明るく笑った。

執筆していた書斎は二階だというので許可を願うと、「どうぞ、どうぞ」とまた招き入れられた。八畳間くらいだろうか、和室のその窓からは葉山の海が遠望できる。ここで繁雄は人体実験で殺した人たちのことや、研究中の事故で若い命を落とした部下たちのことなど、思いつめていたのだろうか。また、時たま訪ねてくる登研時代の同僚や部下とも談笑していた、と夫を思い浮かべるように和子さんは懐かしんだ。

「びっくりしちゃった」

取材を終え、屋敷を出ると和子さんは立ち止まり、「二〇年ほど前に引っ越してからまた訪ねるなんて、考えたこともなかったから」と楽しげに旧邸宅を見上げた。

妻として、女として

二〇〇九年夏。逗子駅に降りると太陽に近づいたように暑い。駅前にはそのまま海水浴ができそうな、肌を大きく露出した若い女性の姿もあり、開放的気分が漂っている。「陸軍～」といったしかつめらしい研究所の取材をする私たちは、なんだか時代に取り残された寂しさが五体を突き抜ける。少々、大袈裟だが。簡単に言えば、カメラや録音機材のことは忘れて海水浴がしたい、ビールが飲みたい気分になっていた。七十代に入った私がそんな気持ちになるのだから、学生スタッフの二十代の新井や石原、鈴木、渡辺は一層、モヤモヤしていたにちがいない。

バス停を降りると、伴和子さんは道路に出て待っていた。私たちは誘われて近くのファミレスで会食。そのあと、「おいしいアイスクリーム屋があるのよ」と連れていかれ、ここでも和子さんの奢りを受けた。ひとり暮らしの日々、学生たちが訪ねてくる日を指折りかぞえてくれているように思えた。

そういえば、一度こんなことがあった。この前年の夏。私たちはやはり逗子駅前で待ち合わせをしていた。相手は「殺人光線の研究」をしていた元第一科の山田愿蔵さん。伴和子さんの希望で〝対談〟を撮るつもりだった。一時間待っても、二時間待っても山田さんは現れなかった。やっと電話が通じた山田さんのご家族は、「父と約束があったんですか。父はもう、対応できない状態になっているので、私も約束のことは聞いていませんでした」と詫びた。

自宅で待機している和子さんにその旨を電話で告げ、今日は取材は中止にしますと伝える。和子さんは「取材はなくても家に寄ってほしい」と言う。しかし、私たちは待ち疲れてしまったし、二時間も駅前で〝バーチャル海水浴〟に浸っていたせいかていねいにお断りして、葉山の海辺に直行してしまった。その時の和子さんが、「家に寄ってちょうだい」と何度も電話口で頼んでいた声が、今も頭に焼きついている。

自宅に戻ると和子さんは、早速奥から新聞の束を持ち出してきた。「昭和と戦争」の特集記事が載っている。「こういう新聞は捨てられないんです」と少し恥らいながら笑った。前にも触れたが、和子さんは福島県郡山の女学校時代（一九四三〜四年）、日東紡績工場で女子挺身隊の一人として働いた。勉強はないのに月謝は払わされた。皮のついたじゃがいもの味噌汁が毎日だった。二年間の強制労働しかなかった青春時代だった。空襲で足を吹き飛ばされた友人の思い出が残った。

「私たちの世代は恋愛を知らない。女子寮に労働から戻ってくると、疲れで笑うことも忘れていたんです」

和子さんは伴繁雄との結婚に安住の場を得た安心感があったにちがいないし、青春で奪われたものは夫婦生活の中で取り返せる、と夢を抱いていたのではないだろうか。

「あの時代、勝つため、お国のために一所懸命でした」

誰に言うでもなくひとり合点して話すその姿は、いつもの勝ち気な和子さんとは違って見えた。

「もう、この本箱、もう一つの本箱。もう世界中のスパイの本を買ってね、そうしてそこへ飾っておいたんですよね。それを全部、この後ろの壁に飾ってある（額の）写真のように、防衛庁、じゃない、自衛隊の調査学校ね、そこへ寄付したんですね。その時の感謝状と写真です。なんたって中野学校で教官もしていましたから。今は調査学校になっているけど、昔は中野学校だったんです。そこへ寄付するっていうことで本を買い集めてたんですね」

「私はね、最初にお見合いした時は、人品のある、私にはもったいない人だな、と思ってたんです。でも結婚して一緒になってみてね、このひとは人間の心があるのかなって、感じてました」

「そして主人は最初から、俺は登戸の本を書かなきゃなんない、登戸の本を書かなきゃなんないから、おまえ協力してくれなって、お見合いした時から言っていたんです。私はこの本（『陸軍登戸研究所の真実』）読んでね、主人がああいうふうに変わってた人だっていうの、良心の咎めあったのね。もう本当にね、中国人をみんな実験で殺してね、ああいう感情に……。日本の軍隊はね、登戸はね、ああいうことをやってたんだからなぁって思うとね、主人は良心の呵責に責められていたんでしょうね。もう性格がね、普通の人じゃなかったですよ」

――伴さん、あの、前に私たちがこの家に来た時、壁にご主人の写真の額が飾ってあったと思うんですけど、今どうされているんですか。

和子さんは後ろの壁を見上げながら、「ああ、あの額ね、あの写真ね、主人の写真ね。私が外しちゃったの」と石原に向き直り、自分の心の中を読むように語り始めた。

「なんでってね、今までは主人という人は偉かったしね、主人を愛してたけど、もう私がね、この人っていうのはこういうことばっかやってね、ほんとにね、私っていうものに対して目を向けたりしたことがなかった人でね、それこそね、籍を入れただけの旦那さんって感じだけでね、私の本当の旦那さんじゃなかったもの。もう私はこの人とね、夫婦っていう感情じゃないから、もうこの人、いらないやっていう感情が出たの。それで取っちゃったの」

「この写真を外して、主人もこうしてにこにこ笑っているけどね、そういう感情をね、一度も私に表したことがないしね。私はこの人を生かした。生かしたけど私のためにはね、なんにもね、それこそ奥さんとして妻としてね、私をいたわって愛してくれたこと、なかったから私はこの人、旦那さんじゃないからいらないって、外しちゃったの」

他人事のように歯切れよく和子さんは語る。

――ご主人が和子さんの枕元に夢で出てきたんですよね。

和子「出てきました」

――どんな夢だったんですか。

和子「夢じゃなくて本物のね、主人の姿そのままね。紋付着てメガネかけて、ちゃんとした姿になって――。私が誰だろうなっと思って目を開いたら、主人が私の顔をジーッと見て『お前、すまなかったな、許してくれよ』。そして私はね、そこで目を開いてね、涙が出てね、涙って主人と結婚してね、辛いこともあっても泣いたことがなかったんですけど、その時ばっかは涙が出たんですね。で、私の顔をジーッてここらで見ていてね、そして消えちゃったんです。私、しばらく泣いていました。私、初めてです。主人に対して泣いたの。それで消えちゃったの」

　前回、訪ねた際、和子さんは夫のアルバムを開き、「結婚後、執筆が終わるまではこんな風に眼をつり上げて仁王様みたいな顔だった」と語っていた。その際も人体実験について悩む夫の心情を察しながらも、一方では揺れ動く自分の心に惑うような表情だった。

「自分が南京事件（南京病院での人体実験）をやったことまで本に書いて、中国の人たちにね、心からご冥福を祈るってふうなこと、書いたんですよね。結局、そこでもって自分の良心の心をね、全部さらけだしたから安心というものが出たのね。顔がこういう風にやわらかく変わっちゃったんですよ」

伴夫妻、自衛隊調査学校内での受賞パーティで

　夫の背負った〝戦争犯罪〟を知ってからは、和子さんも我がことのようにとらえてきたのではないだろうか。その心の深い闇が私には見えてきた。

　明るく勝ち気にふるまう和子さんだが、心には深い闇が張りついていた。

それぞれの戦後

［小岩昌子さんの場合］

二〇〇九年三月八日練馬公民館で、「風船爆弾」の体験を語る小岩昌子さん。記録映画『私は風船爆弾を作っていた』（製作・著作／練馬文化の会・武蔵大学社会学部）の一部である。

――小岩さんは学校の先生を退職して三〇年。戦後、教壇に立っている間は風船爆弾の紙貼りをさせられた女子挺身隊時代の体験を生徒に語ることはできなかった。加害意識が重くのしかかっていたからだ。定年後、語らなければと思いつめて、市民講座などにでかけ自分の体験を語り、反戦を訴えるようになった。

［ナレーション］小岩さんは教員時代の仲間と一緒に、太平洋戦争の被災地や激戦地を訪ねてきました。サイパン、テニヤン、中国東北部、あちこちに残る傷跡、小岩さんはそこで、戦争は二度とくり返してはならない、という思いを強くしました。

小岩「あの時代に戻りたくないと、ああいう軍国主義の時代っていうと若い人たちはよくわからないかもしれないけど、私から考えると、軍国主義に再び戻ってはならないと。そのためにはやっぱり九条を守るっていうことをね、運動としてやっていかなければいけないって思って、何十年間もやってきたんだと思います。私は学生さんたちと一緒にこういう、仕事っていうのかな、活動をやってきて、私はすごく楽しかったんです。楽しい活動の中で真実を知るっていうことができたんだと思うんです。だけど私はそう思ったけどさ、学生さんたちはどう思ったのかなって――」

撮影中のカメラマンと録音マンの学生に向かって年齢をたずねる小岩さんに、学生たちは二〇歳と答える。

「二〇歳っていうと、私の孫と同じ年なのね……」

戦争を体験したこともなく、近現代史の教育を受けたことがない若い世代に、小岩さんたちの戦争世代はどう語り継ぐことができるのか。

研究棟解体と資料館

二〇〇九年六月　ニセ札保管倉庫（26号棟）解体
二〇一〇年三月　明治大学平和教育登戸研究所資料館開館

オープニングセレモニーの列席者の中には車椅子の伴和子さんの姿があった。和子さんは式典中、掌を合わせ、目を閉じて心の中で何か語りかけていた。資料館館内では、伴繁雄が登研時代に受賞した陸軍技術有効章の展示コーナーに見入っていた。

「以前、私のところにありました。今はここに寄付しました。……本物を見ました」

26号棟の解体工事

この日、私はいつものように和子さんに気軽に声をかけたが、いつもの明るい和子さんではなかった。その後、映画の完成を前に、明治大学生田校舎内メディアホールで、関係者だけの試写会を行うため自宅に何度か電話をかけたが、不在がつづいた。やがて周囲の方々から入ってきた情報によると、どこかの療養所で介護を受けているということだった。映画を観せても認識できないだろう、と返事がかえってきた。映画の完成を心待ちにし、私たちに何かと力を貸してくださったことに報いられず、運命のいたずらを恨んだ。

二〇一一年二月　最後の木造研究施設（5号棟）解体

貴重な歴史の証言者である研究棟はコンクリートづくりの「資料館」だけを残して地上から消えた。

解体具材は語る

［証言　小池汪］

木造研究棟の26号棟は解体後、具材は資料館に保存するかどうかの選別するための一時保管をしていると聞き、早速、長倉カメラマンと明大生田校舎に出向き、撮影許可を得て〝仮倉庫〟に入った。登研の遺構を一九八〇年代から記録してきた写真家の小池汪さんにも来てもらい、具材と建築法から見た「登研」の姿を解説してもらった。

小池さんは川崎在住で、同市の寺院や祭礼の写真を撮り続けている。また満蒙開拓や細菌部隊「七三一」など〝大東亜戦争〟の闇の歴史もカメラで追ってきたドキュメンタリストだ。

小池「登研の建物の中では、これ（ニセ札の倉庫）が一番大きいように記憶しています。この棟木（むなき）の部分（屋根を支える小屋組みの一部）は、一般的な木造の建物とはまったく違うんです。頑丈さを保った構造で、しかも使われているのが松材だと思います。太い棟木をこのどでかいボルトとナットでしっかり結合させせてですね、絶対倒れないという、そういった頑強な構造になっているんですね」

「解体の時、私はこの建物の天井裏に入ったんですけれど、異常なほどに配線がめぐらされていて、ちょっと歩くと引っかかる。蜘蛛の巣と言っていいくらい。電力関係の研究をしてたと言われてますけど、電線がいっぱいでした。この碍子（がいし）（小屋組の太い柱に付けてある碍子を指して）、こういった碍子は今のものとはまったく違うんですが、無数に柱という柱に貼り付けてある」

「柱にした木材は、日本全国から選んで運んだようで、一本一本見てみると異なる生産地が印字されているんです」

「これは米沢製材所、これは石巻……」と小池さんは柱の一本一本をとり上げて見てゆく。
半永久的に耐えられるこうした木造棟を建てた根拠はなんだったのだろう。戦争が長引くと考えたのか、研究開発を勝敗に関わらず続行させる気でいたのか、理解に苦しむ。
ただ一つ、現実的に考えられることは、一九四二年四月のドーリットル爆撃の衝撃が、陸軍の揺るぎない自信を打ち砕き、爆風などでは倒れない建物をつくろうとしたのかもしれない。市井の人々や兵隊が食べる物は乏しくなっていったが、木材は豊富だった、とも言える。

篠田鐐と伴繁雄の戦後

篠田鐐所長の戦後の人生は、回顧録もなく、役員の肩書歴以外不明である。

篠田鐐所長は戦犯となることなく巴川製紙所に入り、社長の座につく
紙パルプ技術協会理事長、繊維学会会長兼任
日本の製紙、繊維技術の最高権威者となる
昭和十五年勲三等旭日章、二十年従四位、四八年紙・パルプ産業への功績により藍綬褒章を受ける。
昭和五四（一九七九：引用者）年、八十五歳の天寿を全う
（前掲『陸軍登戸研究所の真実』）

伴繁雄は一九九三（平成五）年十一月十四日自宅で急逝。

『陸軍登戸研究所の真実』の原稿がほぼ完成し、「晴々とした気分だ」と語っていた直後であった。

戦争の暗黒面としてこれまで闇の中に
葬り去られてきたが
いま　この忌まわしい事実〈人体実験〉を
明らかにしたいと書き綴った。
歴史の空白を埋め
実験の対象となった人々の冥福を祈り
平和を心から願う気持ちである。

（前掲『陸軍登戸研究所の真実』）

上、晩年の篠田鐐、下、晩年の伴繁雄

句会を楽しむ川津夫妻

戦後、登研の人たちはどんな人生を歩いてきたのか。

川津敬介さんは、月一回、近所の中、高年齢者を集めて夫人と共に句会を主催しているという。長倉カメラマンと川津宅を再訪したのは、二〇一二年三月。二〇〇八年九月以来だ。

句会は川津さん、妻の環さん、仲間の五人が、応接間のソファに輪になって坐り、選んだ句の講評会を始めていた。句題は花鳥風月、世相の動き、青春の記憶、子や孫を慈しむ思いなどが詠まれていたが、前年の「三・一一」に関する句もある。笑い声もある中、かなりの緊張感が漂っていて句作りへの熱意がこちらに伝わってくる。選評は川津さん。一句一句に厳しいアドバイスを与える。「ニセ札」のインタビューの時は、ユーモラスに答えていたが、句会では戦後からの長い教職歴の片鱗がうかがわれた。

句会後、環さんとの結婚話を聴かせていただく。

二人が出会ったのは疎開先の福井県の粟田部の工場。一九四五年三月。環さんは陸軍に接収される前の西野製紙に勤めていた。入れ替わりに移ってきたのが登研の第三科、川津さんたちだった。その時は印刷機などの機械も運び入れられ、すぐに稼働できる状態だった。

――奥さんは募集かなんかで登研に入社してきたんですか。

川津「あの頃ね、高等小学校を終えた一五、六歳の少女たちは奉公隊に入らされて、お前はあっちの工場に行け、お前はこっちの機織りをしろとかって言われてね、安いお金で使われたんですよ。だから、ちゃんと勤め口を決めた方がいいと思ってね。登研ならお金にもなるんです。で、一〇人くらい集めました。その中に家内もいて。仕事といっても事務所の受付とか電話番とかですよ」

――奥さんに伺いますが、西野製紙を辞めて登研に勤めた時、工場の中には入れたんですか。

環「それはできなかったです。守衛が中に入らせないようにしていましたから。でも、主人は事務所によく顔を出していたので」

――給料はどれくらいでしたか。

環「前の仕事場よりもずい分良かったですけど、忘れました。ただ、辞める時に一〇〇〇円もらいました。結婚祝いなのか退職金なのかわからなかったですけど――」

戦後、急激にインフレになっていったため、貨幣価値も変化。戦後一年目には、たばこ一箱が五〇円にはね上がっている。それでも川津夫妻のケースは順風満帆と言えるのでは、と思った。

後日、夫妻に戦争への思いを句にしてもらった。

特攻隊忘れるべからず敗戦忌　川津敬介

初暦平和を願う言葉あり　川津環

翌年の二〇一三年三月、環さんは持病が悪化して家族の者が見取る間もなく急逝された。

「戦争は無駄だったなァ」

「寒いねぇ」

太田圓次さんは愛車のドアを閉めて運転席に座ると、そう呟きながら皮手袋をはめ、「ハンドルを握った。数日前の雪が解けきれず、路上の隅がところどころ白い。太田さんの不動産会社がある生田の高台は風が強く当たるせいか、街が広がる眼下の向ヶ丘遊園駅前などに較べると厳しい寒さを感じる。

この日は午前中に太田さんの追加取材をし、午後は明治大学生田キャンパス内の「資料館」に立ち寄る予定を立てていた。距離にしてタクシーでワンメーター。だが私は図々しく太田さんに「車で送ってもらえませんか」と頼み込んだ。太田さんは「いいですよ」と車庫に向かった。私には質問が残っていた。太田さんにとって「登研」とはなんだったのか、とたずねることだ。その質問は会社の応接室ではなく、モノローグが語りやすい場所――車の中――と考えた。わけも聞かずに車を出してくれたのは、私の浅はかな企みを太田さんは先読みしていたのかもしれない。

助手席に長倉が先に坐り、カメラ位置を決め、スイッチを入れた。私は後部座席で沈黙を守ることにした。静かに車は車道を滑るようにして「資料館」に向かった。しばらく車内は沈黙が続いた。質問を切り出そうと思うが、こちらが語りかければ予想外の返事はないかもしれない。太田さんは「放球実験部隊」のあとに肺浸潤にかかり、戦後まで長期療養をしなければならなかった。現在の不動産会社を興したのは三〇歳を過ぎていた。

車のスピードはゆっくりだが、太田さんの沈黙はさらに続く。このまま沈黙のうちに資料館に着きそうだ。すると太田さんが言葉を選びながら述懐しはじめた。

「なんと言うかなぁ、登戸研究所というのは、私の人生において無駄な時間だったみたいな感じがするよね……。やっぱり、いろいろな人が死んでるとかそういうことじゃなくてね、戦争自体を相対的に考えると、やっぱりこれは無駄な時間なんだなあ。日本全体が無駄なことをやったんだなぁ、世界全体がこんなことはやっちゃあいけないってことに気が付いた時に、無駄を感じたんですよね」

「とにかく最年少の軍属だったからねぇ、何がなんだかわからないよね」

車内は再び沈黙――。私は耐え切れず「そうですよね」と間の抜けた相槌を打った。

「……もう、でも、登戸の夢なんか見ないでしょ」と私。「見ないです」と太田さんに切り捨てられる。

車中での太田さん

「あんまり考えないですよ」

「楠山さんが来なきゃ、平和だったんです」

思わず一本面を喰らった感じで私は笑った。太田さんも笑った。

数日後、太田さんから電話が入った。登研の夢を見たと言う。篠田鐐所長と伴繁雄技手が太田さんの発案した新兵器を笑顔で祝ってくれている夢だった、と。「事実は小説よりも奇なり」というが、この一連の流れは信じられないくらい、シナリオでは描けないドラマチックな話になった。ドキュメンタリーって面白い。どうにか、私は映画が完成できる夢を見始めた。

気球紙の色に毒？

空を飛んでゆく風船爆弾を見たことがある、という人に気球の色をたずねると、鮮明に記憶している人は数少ない。「色はなかった」と言う人、「青色」と言う人、「黄色」と言う人。中には「赤っぽかった」と言う人。かなりさまざまだ。

質問する私たちも無理難題だとは思ってはいるが——。何しろ地上では一般の人たちは放球基地内に入れない。憲兵が「侵入者」を見張っているから、近寄ってみることは不可能だ。「青色」は空と同色だから理屈としてはわかりやすい。「黄色」や「赤色」は、太陽の反射だろう、とも思うが、証言する人は数少ない。

［証言　新田文子］

埼玉県小川町の紙漉き職人、笠原海平さんの取材で訪ねた時、関係資料や写真を探すため、教育委員会生涯学習課からいろいろと協力を得ることができた。その際、生涯学習指導員の新田文子さんが気球の色について、面白い証言を紹介してくれた。新田さんは保存していた五枚貼りの当時の気球紙を奥から持ち出してきて「色がなぜつけられたのか、私たちには長い間わからなかったですけれど、当時、そこに勤めておられた方から証言を得ることができました」と言って、カメラ前にゴワゴワになっている気球紙を広げた。

「戦時中、非常に食糧難でしたから、紙貼り作業に動員されていた女子挺身隊とかいろいろな人がこんにゃく糊を食べないようにするため、食用の色をまぜて、これには毒が入っているから食べちゃいけないんだよって、指導したとのことです。証言した男性はまだお若かったそうですけれど、現在も紙漉きをしています。この気球紙はグリーンですけれど、さまざまな食用の色が付けられて飛ばした、ということです」

のちに、この証言と同じ話を、東京の日劇で気球紙の貼りをした女子挺身隊員だった人からも聴いた（後述）。嘘のようなホントの話。毒入りだと言われた蜂蜜をこっそり舐めた一休さんの、とんち話の盗作だろうか――。

松代大本営と細菌戦

［証言　和田一夫］

「長野県に有名な地下壕があるでしょ。松代大本営という。天皇以下の日本の中枢をね、国民が全部死んじゃっても、そこだけは残るように地下壕を強制連行してきた朝鮮人を中心に急ピッチで掘らしたんだよ。有名な地下壕。そこにＮＨＫから軍の参謀本部から天皇の玉座までつくろうとしたんだ。それで最終的にそこで決戦する。どうしてそう考えられるのかって言うと、疎開してきた伴繁雄さんの家の外壁に濾水筒がうわーっと積んであった。

これはあの……毒物を井戸とかね、川とかに流されちゃって、その水を、水がなくっちゃ生活できないからね、その水を飲むとコレラ菌が入っていたり、ペスト菌が入っていたり、いろいろな毒物が入っているわけ。そしたら、それを……これは日本の軍隊ね、そういう細菌戦を七三一部隊と共同でコレラ菌か、まいて中国人をだいぶ殺しているんだけどね、そういう時に飛行機でもって菌をまくわけよね。まいた後、本当に効果があったかどうか、誰もわからない。そうすると普通、そこにはおれないでしょ。自分がやられちゃうからね。それには特殊部隊をつくって、こういう濾水器っていうものを持っていれば、これを何本も濾水筒に組み込んで、川から水をとってこれに通せば、濾過されてきれいな真水になる」

「だから最後の本土決戦という時にね、日本軍は、日本の国民の上から細菌戦をやる覚悟が計画にあった、と思われる。特に天皇以下の軍の中枢が、松代大本営の壕の中にいて濾水器で身を守る。だけど上陸してきた連合軍はその細菌でやられちゃう。連合軍だけならいいけど、国民もみんなそれにかかっちゃう。そういうことまで計画してたっていう、裏付けになるわけだよね」

「だから戦争というのは最終的には狙った相手兵隊だけじゃなく国民もね、まあ、沖縄戦がいい例だけれども、自国民までもみんな日本の兵隊によって殺されちゃうわけだ。そういうことのいい例です、これは」

長野県に疎開した登研がどの程度、米軍の本土上陸に抵抗戦を挑もうと計画してたか定かではないが、〝兵器〟としては毒物や細菌の散布しかなかったであろう。他にも、毒入りチョコレートをまいて、拾って食べた米兵が死ぬ戦術も〝考え〟のうえではあったようだ。事実、地元の少年が疎開先の研究室内でチョコレートを見つけて口にし、危うく一命を落とすところだったという〝事故〟があったし、登研でも毒入りチョコを研究していたが、所員の青年が陳列棚にあった見本を口にして死に損なった事件が発生している。

※松代大本営には結局、天皇は遷座を拒んだ。広島、長崎の原爆投下を知らされてからの決断だった。だが、沖縄戦は本来、四五年五月末の首里城にあった陸軍の最高司令部への米軍による攻撃で白旗を出す意見もあったが、南に避難する住民の中に日本軍が混じり、退却しながら持久戦を続けたことは、この松代大本営の洞窟完成と時期が並行している点を考えると、本土防衛のための時間稼ぎは「国体護持」の目的が色濃くあったと思われる。

上、松代大本営地下壕、中、濾水筒を持つ伴繁雄、下、石井式濾水機乙型
下の濾水機に、中の濾水筒をはめ込んで使用する

第十章　スクリーンがつなぐ新証言

満球だ！

[証言　北野英子]

映画『陸軍登戸研究所』を最初に自主上映の手を挙げてくれたのは、千葉県一宮町の市民グループだった。この時は四時間版だったが、好評を得て再度、上映会が催された日、千葉の柏市から観にきた北野英子さんは女子挺身隊の一人として風船爆弾の紙貼り作業を東京・日本劇場（日劇）でやったと話された。こんにゃく屋の俵山政市さんが日劇のガラス窓に目かくしの加工工事をした際、動員された女子学生の姿を窓越しに目撃していた。「みんな笑っていた」と俵山さんは語っていたが、実際はどうだったのかと思っていたので、後日、書面で体験を書き送っていただけないか、とお願いした。一カ月程してぶ厚い封書が届いた。四〇〇字詰原稿用紙にビッシリと戦時中の日々の様子が記述されてあった。許可を得て貴重な証言部分を紹介させていただく。

□都内の神田高等女学校二年生だった私は昭和一九（一九四四）年秋頃、日劇に学徒動員された。風船爆弾の紙片の貼り合わせ組（芙蓉隊裁片結合部）で二〇年四月まで、強制労働は続きました。その間、東京へのB29による空爆は続き、学徒にもケガ人が出たが、それまでは空襲警報が鳴っても「全員退避」はできませんでした。三月一一日の本所、深川方面への無差別爆撃では学友を何人か失い、日劇の中での朝礼で黙祷を捧げることになりました。目の前の生と死を実感し、全身にその哀しみは刻みつけられたように思います。

□勤務時間は朝八時から夕方五時くらいまで。空襲の激しい時は地下の暗い部屋で石の壁に寄りかかり、何時間も待機したことが二度くらいあったと思います。防空カバンの中に常備した炒り米一合を一掴みだけ食したこと。各担任の先生が恐怖を感じさせないように生徒全員に声をかけて下さったこと。上級生は怖がる私たち下級生の身を包むようにして手を握ったり、小声で語りかけてくれました。その手は連日の労働でこんにゃく糊で荒れ、血がにじんでいたのも忘れられません（上級生の労働時間は早朝から深夜まで続いていた）。

□満球テストの日は朝からラッカーの臭いが劇場中に立ち籠め、眼も鼻もショボショボ。緊張した上級生は不安な顔で少しずつ膨らんでゆく風船がやがて満球になるまで、成功を祈る人、吹き抜けの高い天井を見上げながら働いている人、その不安そうな気持が緊張と共に私たち三階の廊下まで伝わってきました。「成功！」「満球！　満球！」の声が伝わると、私たちも廊下から三階の劇場扉を交互に出入りし、束の間、眼の前の大きな風船を見て興奮、共に喜んだこともありました。

□空襲のないある日の昼食時間、四〇分弱のランチタイムを劇場から抜け出し、一目散に日比谷公園へ。そこで上級生が動員前に学んだドイツ歌曲を数人で、しかも原語で美しい歌を唄ってくれたひと時。その澄んだ声音を耳にできたことはとても懐かしい想い出です。

「菩提樹」や「流浪の民」を耳にすると、いつもあの貴重な日を思い出します。

□それから、こんにゃく糊のことですが、毒が入れてあるから食べるな、食べると死ぬぞってこんにゃく屋さんから言われていました。みんなお腹を空かしていたので、あの湯気の立ったつやつやしたこんにゃくがおいしそうで、死んでもいいから食べたいと思っていました。でも私は意気地がなく、食べませんでした。食べた友だちもいて、平気だったのに――。

手紙の末尾に「闇から闇へと葬られてはならない真実を、今この時こそ知って欲しい」と記している。

日比谷公園での合唱風景を、偶然通りかかって見たという男性がいた。「とても明るい笑い声を立てながら、女子学生たちは歌い、語り合っていた」そうだ。秘密の作業場から解放されたひと時が、とてもうれしかったにちがいない。

戦争のモンスターたちは彼女たちの青春の貴重な時間と肉体を奪ったが、その輝きまで消すことはできなかった。それは、あの重苦しく非人間的な時代に、人間性を貫く誇りを忘れなかった青春の証しだと私は思う。

旧満州でソ連向け気球紙貼り

［証言　﨑山ひろみ］

「高知で自主上映会をやりたいのですが」

二〇一三年の年明け間もないころに電話が入った。高知在住の﨑山ひろみさんという女性である。明治大学生田キャンパスの「平和資料館」を見学に行き、そのあと私に会いたいという。即、飛行機で上京、新橋で待ち合わせをした時は、二人のお友だちが一緒だった。一九三〇年生まれだという三人は、旧満州の新京特別市（長春）の新京白菊小学校に在籍し、戦後は同窓会で再会、あらためて交友関係を深めてきたと語る。

ただ、三人は戦時中の学徒動員で戦争に加担する労働を強いられたが、それぞれが別の分野に駆り出され、﨑山さんは風船爆弾の紙片の貼り合わせに従事した。その風船爆弾は直径五メートルのものだった。﨑山さんが長春の敷島高等女学校三年生の新学期を迎えた一九四五年春のことだ。その証言を紹介する。

——授業の合間には校内作業もしていましたが、五月に入って学徒動員令が出て、授業は打ち切りとなったんです。

敷島高等女学校

私たちのクラスは新京の南郊外にある蒙家屯（もうかとん）の部隊で作業することになり、毎朝校内からトラックで一〇キロメートル余りの道のりを往復しました。各部隊に武器・弾薬を供給する部隊だったようで、私たちは五、六人のグループで、武器の手入れや部品を数えて箱詰めするなどの作業をしていました。

六月に入ると、私たちの学校のすぐ近くの独立守備隊だった第四連隊で作業することになったんです。レンガ造りの立派な建物が建ち並んでいましたが、その頃には本隊はわずかしか残っていなかったんですね。そのため、日本から徴用されてきた女子挺身隊の人たちが主に作業をしながら指導してくれました。

部隊の中の工場で私が最初に与えられた仕事は、気球原紙をつくることでした。縦三尺（九〇センチ）横六尺（一八〇センチ）の和紙と、こんにゃく糊が材料。二人一組で一面が畳一畳くらいの熱せられた鉄板四面を回転させながら、まず鉄板にこんにゃく糊をむらなく刷毛でぬる。そのあとの作業は、アメリカ大陸向けの一〇メートル風船爆弾づくりに動員された昭和一九（一九四四）年以後の人たちと同様のやり方です。多分、関東軍が指導した製法がそのまま日本国内での作業に受け継がれたのではないでしょうか。一日中立ち仕事のうえに、熱い鉄板の前で紙を貼りつけたりはがしたりするため、肩の高さまで腕を上げ下げしなければならず、つらかったですね。その頃、工場からの帰途、いきなり特高（特別高等警察）に呼びとめられ、作業については口外するな、すれば軍法会議にかけるぞ、と脅かしてきたことがありました。とても嫌な思い出です。

一カ月くらい経つと私は釜場の仕事にまわされました。直径三メートルくらいの釜に煮えたぎったグリセリンが入っていて、その中へ貼り合わせた和紙というか気球の厚紙を入れて煮るんです。周りに七、八人立って、ボートの櫂のようなものを使ってかき混ぜます。ゴムみたいに柔らかくなるまで煮てゆきます。仕上がると櫂で持ち上げて出すんですが、これがもう重くて大変だったんです。ものすごい湿気の中での作業でしたから、疲労で倒れる友人が何人もいました。私も足がやけどで火脹れになり、細ヒモでゲートルのようにぐるぐる巻いて痛みをこらえました。そのうち肋膜炎と脚気になり、背中から肋膜液を抜かれたんです。微熱が続いて足がだるく、つらくて休みたかったけど、なぜかがんばってしまいましたね。

その後は検査室。気球紙の検査の係です。ここにきて初めて自分たちがつくっていた紙貼りが、風船爆弾の気球紙の部分だと知りました。検査室では畳一枚分くらいの大きな箱の上にガラス板が乗せてあって、中に三、四個の電球がついていました。乾燥して仕上がったものをガラス板に乗せ、二人一組で紙に穴があいてないか、空気が入って紙が薄くなっていないかを見つけ、あれば赤鉛筆でその箇所にマーキングしてゆく。針の穴ほどであっても。検査済みは補修係にまわします。満球テストはどこでやってたか知らされてませんが、破裂すれば私たちの責任になり、大きな損害を与えたことになりますからね。

楽な作業と思っていたら、三日目くらいから強烈な電球の光りで眼が充血し、瞼は乾燥してまばたきもつらい状態でした。

一九四五年八月九日早朝、突然、新京の上空にソ連の飛行機が現れて攻撃を始めたんです。ソ連参戦ですね。翌九月、私たち一家は中国を離れ、父の故郷の高知に引き揚げ、地元の高等学校に編入したんです。のちに知ったことは、私たちの五メートルの気球爆弾はソ連向けで、関東軍は細菌を空中からバラまくつもりだったそうです。ソ連参戦が予定よりも早かったとかで、実行しないままとなったんです。

また、高知でも戦時中は県立第一高等女学校と土佐高等女学校が風船爆弾づくりに動員されていたということで、作業場（広い講堂を利用）には警察官も立ち入り禁止だったそうですよ。みんな「マルふ」作業と呼んでいたということでした。

登研北陸分廠

［証言　歸山則之］

三科が戦火を避けて疎開した福井県南条郡武生町は、紙の生産地として古くから由緒のあるところだった。映画では五十嵐信夫さん、川津敬介さんと妻の環さんの証言からうかがい知ることしかできなかったが、印刷機械などを配置はしたが、動かす直前に敗戦となり、その処理後に解散となったという。ここでも自主製作の余力のなさで「とにかく現地に行く」というドキュメンタリー映画の鉄則に目をつぶってしまった。

ところが、劇場公開中の渋谷のユーロスペースで、この北陸分廠について調べたという歸山則之さんと知り合った。武生にある母の実家に敗戦直前、登研から疎開してきた人たちがいて、そのうち何人かが下宿。他の下宿先にはカワツ（川津）の名前もあったと知らせてくれた。

その後、すでに発行（二〇一三年八月一五日付）されていた福井新聞を入手。「〝封印〟された秘密戦」の特集記事として、見出しのトップに「旧陸軍　県内で偽札計画」「越前和紙産地に白羽」とあり、小見出しは「武生、粟田部2製紙所接取　本格稼働至らず終戦」とある。

証言者は川津敬介さん。インタビュー記事を要約すると、陸軍が接収したのは旧武生製紙所（現在の越前市。近年解体）と旧西野製紙所（粟田部・現福井特殊紙）の二社。「北陸分廠本部」は武生製紙所の事務所（北陸分廠長は伊藤覚太郎大尉）に置く。川津さんたちは一九四五年四月に粟田部に入った。他の所員、五〇～六〇人（全体では一〇〇人くらい）も旅館や民家を宿舎とした。

旧西野製紙所

西野製紙所旭工場に配属され、米ドル紙幣のニセ札もつくる計画だったが敗戦。資料は燃やし、製版や印刷機械などは民間会社へ安く払下げたという（凸版印刷へ返却、という説もある）。妻の環さんとは八月二六日に結婚、じきに粟田部を出て印刷会社に。その後、登研時代に取った教員免状の資格で、栃木県で英語の教師となる。「戦争は壮大な無駄だ」と指摘する。

遅ればせながら福井新聞社に電話を入れると、記事を担当した伊予登志雄論説委員が、登研の疎開当時のことや粟田部の製紙産業について、「最近、この一帯を調査して本にまとめた越前市出身の歸山則之さんという人がいます。今は千葉にお住まいのようですが、その本にかなり詳しく登戸研究所のことも疎開のことも書いています」と教えてくれた。映画館で出会っていたことをすぐに思い出せなかったが、携帯に番号を入れておいたので同一人物だとわかる。

早速お願いして、著書『認メルナ　印オスナ』（私家本）を送ってもらった。母親の叔父や兄が戦争で死亡。異境に果てたそれぞれの状況を追ったドキュメントと、地元にやってきた陸軍登戸研究所のニセ札づくりの実相が戦争の素顔となって描かれている。文中から数カ所、転載させていただく。

――武生、粟田部に疎開してきた三科は、ここでは〝登戸研究所北陸分廠〟という名称になった。

――この地を三科の疎開先に選んだのは、製紙担当の伊藤覚太郎大尉だったといわれている。風船爆弾の材料を研究した際、この地の〝お札〟との深い関わりと秘密保持の気風を知ったこと、なおかつ印刷局も疎開していること、それらが決定の理由になったのではないだろうか。

――武生製紙所は（略）明治・大正には清国紙幣用紙や中華民国の各省各地の紙幣用紙の注文に応えていたそうで、三階建ての近代的装備の大工場だったそうだ。さらに参謀本部の地図用紙、満鉄の株券、東大の卒業証書、南京政府の中央儲備銀行券の用紙なども製造していたとのこと。

――三科は工場から使っていない機械を提供してもらい、登戸から運んだ原料を使って偽造用の紙幣用紙を製造する予定であった。

本部には、登戸研究所から伊藤大尉と若林大尉と鈴木中尉、当地の女性事務員二、三人がいた。分厰長の伊藤大尉の宿舎は「鎌仁別荘」という料亭で、他の人たちは「魚留」という料亭や、「當仁屋」という旅館が宿舎となっていた。

――西野製紙所は、会社丸ごと、つまり施設も器材も社員も陸軍に重用されたのだった。川津さんと結婚する環さんも、西野製紙の事務員からそのまま三科の所属となっていた。

福井への接収のやり方は、まさに〝登研流〟だ。戦争状態が国内経済の要になると、人々も生きてゆくためにいいも悪いもなく、軍の統率下に支配されてしまう。「北陸分厰」は四カ月で泡ぶくのように消え、ここでも証拠湮滅のために所員と地元の人々たちが責任を負わされたのだ。

兵庫の疎開先では――

ドキュメンタリー映画は、時に人と人との記憶を甦らせ、再会の掛け橋となる。そんな素敵な出会いがひょんなことから起きた。

ことは上映中の映画館の受付に、私宛に手紙を置いていった男性に始まる。封書には写真が二枚入っていた。私信はない。一枚は山村風景が写っている。不思議に思えたのは手前の空き地だ。裏には「兵庫県氷上郡小川村奥。登戸研究所」と記され、最近撮影した日付がある。

この地名は登研の疎開先の一つだ。ここは資料も証言者もなく、私の映画の中でもエアポケットになっている。現地の写真を送ってきたこの男性は、何かを伝えようとしている。早速、封筒にある上書きに連絡してみた。本人の話をまとめるとこうだ――。

父親の名は森豊吉。登研に勤めていたが、敗戦の二カ月ほど前、生田の住所から家族四人で兵庫県に疎開、福知山線の谷川駅から大八車で現地、小川村に入った。本人は四歳だった。記憶では、父親がさほどに広くない作業場に設置された旋盤やフライス盤の機材で何人かのひとたちと作業している様子だ。最近になって思うには、風船爆弾の下部に取り付ける機械の一部ではなかったかと思うと話す。写真は、当時の作業場の跡地だと説明、再訪した時に撮ったものだと言う。もう一枚は「安達家」とある。登研に関わりのある地元の有力者だったようで、後日、私が入手した記録からは足立姓ではないかと思われるが確証はない。

情報量は少ないが、これだけあれば消えかかっている歴史が引き出せるかもしれないと考え、電話作戦で的を絞る。その結果、現在は地名が変更されて「丹波市山南町奥」になっていた。そこで丹波市役所に問い合わせ、登戸研究所の足どりを探してもらう。七〇年近い歳月は世代が代わり、証言者を見つけることはできなかった。わずかに二つの記録を発見、コピーを送ってもらった。

『小川村誌』

警防団の強化、貯蓄債券・国庫債券等の応募、満州開拓者少年義勇隊の募集、満州移民の奨励、滑空訓練（グライダーの訓練か?）、といった戦時下の村の記録に次いで「登戸の軍需工場設置」という項目がある。

――昭和二〇年六月一八日登戸研究所長陸軍中将篠田鐐氏本村へ来り　本村に軍需品製造の工場を設置することを伝え　その指示によって小学校講堂を工場として七月より爆薬の製造を行った。

小学校とは、現在は小川小学校となっているが「奥小学校」のことであろう。また、『山南町誌』には次の一文が記載されている。

――陸軍登戸研究所本部（奥の公会堂）へ、高等科男子、ハハリュウ（携帯爆弾の容器）つくりに通う（昭和二〇年四月～敗戦まで）。〈ハハリュウの意味は不明〉

この小学校は当時、和田国民学校（現在、和田小学校）一九四五年七月には「学徒隊結成」の記録がある。つまり、登戸研究所はこの小川村の地に二カ所、本部と作業場及び工場を設けていたことになる（森さん一家は本部ではない方に住んでいた）。こうなると裏付けとなる証言者の話がほしい。

そう念じたせいか、登戸研究所の第一科に配属、のちに四科に移った都内狛江在住の栗山武雄さん（八六歳）と連絡が取れた。栗山さんは地元の狛江高等小学校を終え、登戸研究所（科学研究所登戸出張所）に入った。一九四一年だった。四科の建物は遅れて建ったが、最終的には八棟あった。四科では、消音ピストルやボタン型カメラ、石鹸爆弾などがつくられていたという。ただし、四科は木工場のような所で、精密機械や爆弾などはつくっていなかったと指摘する元所員もいる。二〇名程度が勤務していたとの説もあり、規模としては小さかった。

一九四五年六月頃、疎開命令を受けて小川村へ。宿泊先は修験道場のような殺風景な家に雑魚寝をした。一つ年上は民家に分宿し、〝エライ人〟たちは旅館のような所に泊まった。栗山さんたちはそうした旅館の風呂にもらい湯をした。朝食はお粥。地元民もお粥だった。

工作機械は講堂に設置。だが作業は敗戦までなかった。和田国民学校の生徒たちが毎日通ってくるが、仕事がないので栗山さんたちとお喋りするだけ。「憧れの東京」について学生たちは知りたがった。そして八月一五日、本部に集合。玉音放送は電波状態が悪く、敗けたとは思わなかった。戦後も知り合った学生たちとペンフレンドになり、彼らが上京したり就職することに助言を与えてきた。

「ところで栗山さん、森豊吉さんをご存知ですか」

前回の電話で栗山さんは「森さんという人は一緒に疎開したんでよく覚えてるよ」と言っていたので、森さんの息子さんの話をしてみた。

「そうだよ、ぼくが知っているのは豊吉さんだよ」

「じゃあ、息子さんに話しますよ」

「是非、是非」

こうして偶然の出会いとなり、二人は再会、親子のような会話をしたと後日、森さんから報告が入った。今は亡き父親の姿が息子の眼に生き生きと甦ったのであれば、私の映画も少しは役に立ったのかな、とうれしかった。

それにしてもなぜ、兵庫県の山奥に疎開したのか、本土決戦を控えて新たな企みがあったのか。一つの推理は、和田国民小学校の生徒たちが携帯爆弾に関する何かをつくろうとしたようだが、七月には「学徒隊結成」がなされたことからすると、例えば米軍の本土上陸に際し、榴弾を抱いて戦車に跳び込んで自爆する計画があったのでは、と思えるのだが、どうだろう。篠田所長が来県した事実は、決して無視することはできないだけに、謎は謎のまま残った。
※兵庫県の小川村が疎開先に決まった背景には、同村出身者の大月陸雄技術大尉の提言があったことによることが、遺族が保存していた「大月日誌」から判明（明治大学平和教育登戸研究所資料館展示パネル「本土決戦と秘密戦」による）。
※足立姓は小川村に多く、当時の村長ではないかという人もいるが、その時代を知る人がいなかった。

映画「陸軍登戸研究所」製作に参加して

教科書にはない戦争〈新井愁一〉

僕にとって戦争は遠い昔のことだった。学校の教科書に載っていた歴史の暗記事項としてしか思っていなかった。ところが日本映画学校に入学後、「人間研究」という授業で「陸軍登戸研究所」の所在を知り、さらに他の学生と三人でこのテーマをドキュメンタリー映画にしようというチームに参加した。声をかけたのは講師の楠山さんだった。

撮影を担当することになって間もなく、ニセ札づくりの第三科に勤めていた大島康弘さんを取材した。常識では考えられない世界を聞かされ、カメラのファインダーに映っている「現在」とのギャップに戸惑った。大島さんは登戸研究所員の中でも出世頭と言われている。僕らが訪ねた埼玉県の印刷工場の他に、本社の大阪工場やインドネシアの工場を持つ大企業家だ。従業員は合計三五〇〇人と聞いた。

深いソファにからだを沈ませ、インタビューに静かに、感情的にならず、淡々と登戸研究所の犯罪的行為を暴露する発言には驚かされた。ことに日本軍が香港占領後、いち早く駆けつけた大島さんたち第三科の所員は蒋介石の造幣局に侵入し、印刷機や原版などの一切を「かっぱらった」と証言、だから登戸でつくった札はニセ札の本物です、と笑った。僕の中ではもう、判断が及ばない〝事実〟の証言だった。

中野学校のOBの久木田幸穂さんの話も忘れられない。久木田さんは印刷したニセ札を上海に運ぶ任務を負っていたが、それで物資の購入をしたとか兵隊の給料にしたという。事前の資料や参考書では出てこなかった貴重な話を、カメラに収めることができてよかったと今、あらためて思う。

撮影を始めた時は卒業までの三年間に完成させるつもりでいたが、授業やバイトの合い間をぬっての取材だったので、思うように進まなかった。そのうえ、登戸研究所の研究、開発分野の広さに面食らう、秘密兵器（資材）として使われた結果も多岐にわたっていて撮影がいつ終了できるか見通しが立たないまま、卒業を迎えた。その後、楠山さんは友人の長倉徳生さんの協力を得て完成に漕ぎつけた。

未完成の作品を受け継いで、いろいろと力を貸してくださった宮永和子さんはじめ、勇気ある証言をカメラの前で伝えていただいた多くの方々に感謝しております。僕にとって、登戸研究所は、教科書に書いていない戦争の実相を学ぶ機会となり、大切な青春の宝物になっています。

結局、登戸研究所とは何だったのか？〈石原たみ〉

昔、あるところに陸軍登戸研究所という研究所がありました。そこでは動物実験をしたり、電波兵器をつくったり、大きな風船の爆弾をアメリカへと飛ばしたり……、それはそれは恐ろしい研究をする場所でした……。

そんな、まるでスパイ映画のような本当の話が、私の育った街でありました。

私は、戦争を知りません。生まれた時から生活に不自由を感じたこともなく、海外の紛争の報道を、リビングで朝食を食べながらぼんやりと眺めて過ごしました。

戦争を知らない私が、戦争を取材する。しかも、恐ろしい実験をしてきた研究所に勤めていた人々を。ほとんど知識のない私にとって、インタビュアーという役割はとても大きな挑戦だったと思います。

映画が完成するまでに、多くの戦争体験者・登研に関わってきた人に出会いました。登戸に勤めていた人にインタビューとなると、さすがにはじめは緊張しましたが、みなさん、孫のような私に当時のことをていねいに教えてくださいました。ある人は言いました。「ただ研究に日々没頭していた。僕は本当に研究が好きだったんだ」と。そんな純粋な想いを持った若者たちが、当時、国の政策により謀略兵器をつくらされていたという事実、そしてそれを若者たち自身が気付いていなかったという事実に、なんとも言えない複雑な想いを抱きました。

結局、陸軍登戸研究所とはなんだったのだろう。多くの人たちに取材をしてきましたが、わかったのは取材した人たちそれぞれに、違った側面の「登戸研究所」はあるということでした。待遇が良い、スーツを着て出社というエリートな所員もいれば、生理が止まるまで朝から晩まで働かされた女学生もいます。戦後も、研究所での技術を得て戦後大きく仕事を成功させた人もいたり、横須賀基地で墓場まで持っていくような任務をしていた人もいる。

うう、わからない。この先も、この不可解な研究所の謎は解かれることはないでしょう。

祖父母の風船爆弾　〈鈴木麻耶〉

私が陸軍登戸研究所と出会ったのは、日本映画学校映像科一年の「人間研究」という授業の学内発表会ででした。他のクラスの発表の中で登戸研究所に特別に興味を惹かれたのは風船爆弾の開発をしていたということがあったためでした。

風船爆弾。

小さい頃、おそらく祖父母から「昔、風船に爆弾をつけてアメリカに飛ばしたんだよ」という話を聞いて、幼心にも「なんておとぎ話のような作戦なんだ」と笑ったことを覚えています。風船には夢を乗せるもの。それに相反する爆弾を乗せて飛ばしていたなんて、滑稽な作り話に思えました。しかし、発表会では、その風船爆弾が実は日本の最終決戦兵器として開発され、実際にアメリカへ飛ばして死者を出していたのです。これには大きな衝撃を受けました。夢を乗せる風船が人殺しの道具になっていたのです。

発表会後、登戸研究所を引き続きドキュメンタリー映画にするという話を耳にしました。私は、風船爆弾や秘密兵器を開発していた謎に満ちた研究所についてもっと知りたい、そして実際に研究所に関わった人たちはどんな方たちだったのかがとても気になり、映画製作への参加を決意しました。

関係者の証言を集めていく作業は、常に刺激的で楽しい時間でした。証言してくださるおじいさん、おばあさんは、無知な私たちをぞんざいに扱うことなく、ていねいに説明をしてくださいました。今思い返してみると、あんなに何も知らずに取材に行っていたことが恥ずかしく、証言していただいている方に申し訳なく思います。しかし、無知だからこそ引き出せた証言もあるかもしれません。

学校の授業以外で、仲間と新しい発見を求めて活動ができたこと、とても貴重で充実した日々でした。あの頃はまさか映画として形になるとは、想像もしていませんでした（楠山さん、すみません……）。この映画は陸軍登戸研究所の真実を暴くのと同時に、私たち学生の青春の記録でもあると、完成した映画を観て思いました。この映画に関われたことを、とても光栄に思います。

今とつながる過去の戦争　〈長倉徳生〉

私の父は激戦地のひとつ、ニューブリテン島で戦い、敗戦後オーストラリア軍の捕虜となった。その間の話を、父は趣味の短歌に詠んでいたが、私は直接聞くことはなかった。その頃、過去の話よりも現代社会の矛盾など、「今起きていること」に強く関心を持っていたからだ。

映画『陸軍登戸研究所』で、私は撮影の一部と編集技術を担当したが、これも映画のテーマに強い関心があったというよりは、これまで一緒に仕事をしてきた楠山監督の仕事を手伝うという気持ちで始めた。

私の最初の撮影が、気球紙の水素の透過性の実験に携わった畑敏雄氏だった。二〇〇九年一二月一七日、自宅にうかがいお話を聞いた。平和主義者である氏が、軍委託の実験にもかかわらず器機の破裂で痛めた目に眼帯をつけながら実験に没頭したことなどを、九〇歳を感じさせぬ明瞭な口調で語ってくれた。にもかかわらず、約二週間後突然亡くなってしまった。のっけからこの映画を世に残すことの大切さを思い知った。

翌年から編集にかかり、編集にかかった日は一〇〇日を超えた。監督は大変だったと思うが、私にとってこの時間は多くのことを学び、また考える貴重な時間だった。証言者の何気ない話が私にとっては新鮮で、過去が私の中で現在とつながってくる、そんな感じだった。過去の戦争と「今起きていること」が一つながりになってくる。

国の方向は私たちの手の届かぬところで決められ、私たちはというと目の前のことしか目に見えず、暮らしていくために右往左往（例えば映画の中の太田圓次さん、俵山政市さん）、でもそれもまた楽しかったりする（例えば田沢絜子さん、奥原タミさん）。だけど運が悪いと、大変な目に遭わされる。上のものは「過去の話」、と責任をとろうとしない。

二〇一一年三月の事故で明らかになった原発の問題だけでなく、社会福祉、高齢者医療、ますます増える非正規雇用の問題など暮らしに深く関わる問題も「過去の戦争」と同じ構造じゃないのか、といったら私のこじつけすぎだろうか。『陸軍登戸研究所』の製作に関わり、そのように思うようになった。

〝人間〟を撮った映画『陸軍登戸研究所』〈宮永和子〉

このドキュメンタリー映画に関わるきっかけは、日本映画学校の「人間研究」という授業との出会いからでした。私が風船爆弾の模型をつくったことから、「登戸研究所」をテーマに取り組んでいた学生さんに作り方を教えることになったのです。

映画にとくべつ関心のなかった私は、学校は撮影技術を教えるところとばかり思っていました。ところが居合わせた先生は、技術は現場で覚えさせればいい、人間を撮るのだから、その人間を探求し見つめることを身に付けさせるのです、というようなことをおっしゃったのです。そしてこの頃、授業の課題としてではなく、「登戸研究所」をテーマとした映画製作が進められていることを知りました。

私自身は、登戸研究所の遺跡保存のために始めた見学案内や聞き取り調査を通じて、研究所に勤めていたかたと知り合いはじめていました。そのかたたちを紹介するうち、いつのまにか映画に協力、というか巻き込まれていきました。今振り返ると、戦争を体験として持つ楠山監督と、教えられた戦争を知らない学生とのやりとりや、撮影現場の邪魔をしながら、私は製作者たちの「人間研究」をしていたのかもしれません。

それまで洋服の仕立てを仕事としてきた私は、いわばモノを媒介に人との関係をつくってきたようなものです。現場に立ち会わせていただいたことで、これまでにない多くのことを実感として学び、多少なりとも成長させていただきました。

六年間という歳月は、それぞれの道をあゆませています。『陸軍登戸研究所』という映画製作に携わって得た糧を、それぞれのあゆみの中で生かしていくことが、証言してくださった戦争体験者の想いを無駄にしないことと確信しています。

また、このような経験を得るに至ったのは、やはり長年地域活動に携わったかたで構成された登戸研究所保存の会や渡辺賢二先生との出会いが大きかったとおもいます。

執念のような楠山監督はじめ、お世話になりました関係者の方々に、この場をお借りしお礼申し上げます。

あとがきにかえて

戦争を喰う

戦争は秘密の独房をどんどん生む。逆に言えば、秘密主義の国家とは戦争を職業とする人々が、生きやすいような社会を構築してゆく胎盤となる。あの忌まわしい戦争の時代、こうした〝戦争を喰う人たち〟が権力や財産を手にしたため、負け戦と知りつつ延延と生きのびたことが悲惨な結果となった。また、「本土防衛」のため、沖縄における地上戦を長びかせた問題には、裏側に松代大本営の秘密の完成があったとする。国民の生命への冒瀆と受け止めざるを得ない。

そう気付いたのは、足かけ六年かけた長篇ドキュメンタリー映画『陸軍登戸研究所』（DVD版二四〇分・劇場上映用一八〇分）を撮影してゆくなかで、浮上してきた真実を見たからだ。

戦場から遠く離れて秘密兵器や謀略資材の開発のため、タイムカードを押してサラリーマンのように勤めていた登戸研究所の人たち。厳しい憲兵の眼が注がれていたとはいえ、丘陵地帯には裾野を覆う戦雲の影はなく、そこそこに自由な楽しさがあった。小作人が多かった周辺の貧しい農家が、現金収入のとれる憧れの就職口として、この「登研」に息子や娘を勤めさせたのは無理のないことだった。まして、人体実験や殺人兵器の研究をしているところだとは、誰もが知らされていなかったのだから――。

だが、給料と共に渡された「仕事の内容は家族にも話すな」とする守秘義務の鍵は、戦後の人生にもついてまわった。敗戦と同時に下命された「証拠湮滅」の責任まで背負わされて、人々は沈黙の鎖に縛られてきた。言わば、陸軍登戸研究所は幻の存在ではなく、今日までその歴史は知る人ぞ知る人たちの記憶の中に密封されてきた。映画のカメラの前で勇気をもって立った証言者は、自ら秘密の鎖を解いたのだ。こうして私たちは、すべてではないが、パンドラの箱を開けることができた。

とは言え、覗き見えた世界は氷山の一角。篠田鐐や山本憲蔵といった戦犯となるべき上層部が鬼籍に入っているため、永遠に歴史の闇に埋もれてしまった真実も多々あるはずだ。「第二弾を撮らないんですか」と映画『陸軍登戸研究所』を観たあと、問いかけてくる人がいる。秘密の鍵をかけた独房がまだまだある、と気付くからであろう。

例えば、第一科では電波実験の場に居合わせているドイツ将校の写真（二三二頁参照）を見ると、「登研」とナチ・ドイツの協力関係が知りたくなるし、第二科では七三一部隊との共謀による人体実験がどのような手順で行われたのか。その責任者は誰か。また、スパイ器材がどの程度〝活用〟されたのか。毒ガス兵器の開発研究は、ここでは行っていなかったのか。第三科においては、「新札の汚し」に動員された川崎市高津区の女子学生の証言者を探し得なかった点など、私たちの力が及ばなかった悔しさも含め、解くべき課題は残ったままだ。

また、第四科については証言者を探せなかったが、『陸軍登戸研究所の青春』の著者、新田昭二氏が四科に配属されていたことを記述している。

「一科は物理兵器の理論的研究、二科は科学や細菌兵器、三科は謀略器材の研究成果を現実の兵器にするのが四科、ということだ。

また、あらゆる物品は四科で保管していて、気球爆弾の保管や整理も仕事の一部だ。気球は和紙でつくってあるから、虫が喰わぬように梱包前には天日に当ててよく乾かさなくてはならない。そして穴あきの現物は女性事務員のレインコートに生まれ変わるのである。

七三一部隊との関係については、その『密なる関係』として毒薬や細菌兵器の研究をしている二科は、満州のハルビンの近くの平房（ピンファン）にある七三一部隊と協力していた。二科の第二班は無味無臭の毒薬（註：青酸ニトリールのことか）、第三班は毒性化合物、第四班は細菌全般の研究だ。細菌の中でも、対植物用が第六班、対動物用が第七班である」と記す（新田氏が自著の中に明らかにした話を、私たちのカメラの前では拒否しつづけた理由は何だったのだろう）。

七三一部隊との「密なる関係」は、他の資料によれば同隊員の内藤良一が敗戦前、登研に転勤してきたと明記している。内藤は戦後、ＧＨＱの肝煎りで「ブラッドバンク」（血液銀行）を創立、多数の死傷者を出した朝鮮戦争で米軍から〝恩恵〟を得、のちに「ミドリ十字」を経営するに至った男だ。のちに「ミドリ十字」は薬害エイズ、薬害肝炎をひきおこした。

海軍の風船爆弾研究

取材、撮影はできたが、編集の際に採りこまなかった証言もある。海軍の風船爆弾研究に関わり合った志村秦一さん（八〇歳）のケースはその一つ。かなり迷ったが、主題がボヤけると考え、映画には挿入しなかった。しかし、貴重な証言なので、その概要をここに記録しておきたい。

——神奈川県平塚市に戦時中、海軍技術研究所があった。通称「技研」。ここでは毒ガスの研究、製造、除毒、防毒マスク、その他化学兵器の研究をしていた。一九四三年一〇月、第四科研究室が新設され、風船爆弾の研究が始まった。陸軍にかなり遅れての研究だった。気球皮の材料は絹布とゴム引きしたものを使った。ちょうど、志村さんが旧制藤沢中学を終えて入所したのが一〇月。科学実験部にまわされ、風船爆弾研究の雑務をする。登戸研究所へも何度か使いにいき部品を運んだりもした。互いに情報交換はあったのでは、と志村さんは語った。

放球実験は小田原の酒匂川河口で同年一一月に行い、その後、上総一宮海岸や翌四四年四月には中国の占領地・青島にも出張して実験を行った。しかし、結局は陸軍の案が選ばれ、実験データは陸軍にすべて提供となったという。陸軍の和紙とこんにゃく糊の気球皮に較べ、コスト高だった点と、陸軍の研究歳月が一歩長じていた点が選定理由だった。

志村さんは二〇歳になると徴兵されたが、じきに敗戦となった（二〇〇六年六月、藤沢市のご自宅を学生と訪ねて取材）。

陸軍はアメリカ大陸西岸の近海から潜水艦を使って風船爆弾を飛翔させる計画があった。戦局の悪化で海軍に余力がなくなり、潜水艦を使うことができなかった、と歴史を語る。

実は志村さんの存在を知ったのは、『小田原と風船爆弾』（二〇〇六年八月、戦時下の小田原地方を記録する会＝代表・飯田耀子＝編集・発行）と題した小冊子からだが、この中には小田原高等女学校の学生が小田原製紙に動員され、和紙づくりをした話や、同校の「学校工場」で楮の皮むきをした証言が掲載されていた。水を使う皮むきは少女たちの手をひび割れにし、苦痛との闘いだったという。私が風船爆弾とは何か、と想像した最初の証言だった。その後、映画で採り上げた女子挺身隊の他にも、全国でかなりの数の女学校が風船爆弾に動員されていたと知った。

当時の少年少女や学生の体験談を現在の若者が聞き継ぐ。それはひどく新鮮で感動的なことだ。映画製作に参加した日本映画学校の学生たちの、知らないからこそ質問した素朴な戦争への疑問に、私自身が打ちのめされた。

「日劇の窓を加工工事したあと、復元はどうしたんですか」

「そんな必要はない。アメリカさん（の空襲）がやってくれたんだ」

こんにゃく屋だった俵山政市さんのインタビューは、戦争の皮肉な一面をあぶりだした。

「戦争も悪いもんじゃない！」と俵山さんは腹の底から皮肉っていたのかもしれない。

人と人との絆を断ち切った〝秘密の研究所〟は、ドキュメンタリー映画ではできないのではないか。取材期間中、いつも不安がついてまわった。モザイク状に散らばった三〇数名の証言。どうまとめ上げたら人間臭い映画になるのかが五年経ても、見えてこなかった。そんな時、明治大学非常勤講師、渡辺賢二さんや伴和子さんが陰日向なく応援してくれたことや、さまざまな

志村さんの取材風景

情報を流してくれた宮永和子さん親子の力添えがなかったら、この映画は完成にこぎつけなかっただろう。映画製作に三年余り、身銭を切って参加した日本映画学校の学生たちには、敬服もしているし、この作品は学生による新しい形のドキュメンタリー映画だ、と自負している。

語り継ぐ若者たち

若者が歴史をふり返り、自らの研究意欲で「語り部」を探し出し、新たな歴史を紡ぐ。日本映画学校の学生たちがこの映画作りの中で、思いがけず編み出したことだが、実は彼らだけではなく、こと陸軍登戸研究所の〝秘密の扉〟に手をかけ、口を閉ざしていた人たちからその真実を引き出したのは中学生や高校生たちだった。

それは一九八九年、長野県駒ケ根市の赤穂高校の「平和ゼミナール」の生徒たちが敗戦直前に疎開してきた〝登研〟の様子に疑問を持ち、その跡地に出かけ、近隣の人々から証言を集め、ついには元所員から話を聞くことから始まった。

他方、神奈川県川崎市の市民も同じころ、研究所の謎を追い、その中に法政二高の「平和研究会」が参加、やがて赤穂高校と法政二高は交流して『高校生が追う・陸軍登戸研究所』（教育史料出版会、一九九一年）を上梓。伴繁雄が亡くなる二年前、『陸軍登戸研究所の真実』が世に送り出される一〇年前だった。〝戦争を知らない学生たち〟の大きな関心こそ、時代に光をあてる大きな力だと痛感した。また、「基地の町」だった埼玉県朝霞市の朝霞市立第四中学校の学生たちが文化祭のテーマとして、足かけ三年間追跡調査した結果をまとめた『中学生たちの風船爆弾』（さきたま双書、一九

疎開先である長野県の中沢国民学校を接収した米軍と第２科の人々の記念撮影
（『高校生が追う・陸軍登戸研究所』教育史料出版会）

九五年）もある。その他、文化祭のテーマがきっかけで生まれた『風船爆弾――純国産兵器「ふ号」の記録』（吉野興一著、朝日新聞社、二〇〇〇年）は、著者吉野興一が勤務する都内の暁星高校の生徒と共に調べ始めたことがきっかけとなっている。あるいは、「地元の戦争」をテーマとして登戸研究所を取り上げた神奈川県立大師高等学校の生徒によるドキュメンタリー映画（二〇一一年作品）も、学究的成果が実っている。

〝聞く耳を持たない若者〟というレッテルは偏見だと知る。〝語り継がない戦争体験者〟にも責任がある。棺桶の中に秘密を持ってゆけば、喜ぶのは時の権力者たちであり、今もその流れを汲む人たちを政財界に見る。「知る権利」「語る権利」が国民の手から葬り去られ、国民主権さえ危うくなれば何が起きるか、目に見えている。

「三・一一」以後、電力会社と住民の関係が報じられ、その両者の構図が見えた時、これは陸軍登戸研究所そのものではないか、と私は心の中で叫んだ。軍産学の国策の下、勝ってる、勝ってると突っ走ったあの戦争。東電、原発産業、学者がひと括りになり、放射能は大丈夫と安全神話を過疎地帯にバラまいてきた行政の犯罪。軍隊同様、研究員から下働きの者まで階級をつけ、賃金格差をもって競走させた図（それは風船爆弾づくりに動員された少女たちに対しても）は「原発の町」が距離に比例してバラまく金が薄くなっていったという事実とも重なる。

気が付いたら人殺しの戦争を喰う人間になっていた、なんてことは二度と見てはならない悪夢である。

あの道に再びか

戦時下、国策をごり押しするため、侵略戦争を秘密の壁で囲い、国民には大本営発表の情報しか与えなかった。弾圧の嵐は特高や憲兵をして吹き荒び、「表現の自由」を踏み潰しつづけた。その弾圧は、当時、新しい映画表現として迎え入れたドキュメンタリー映画（記録映画）にも及び、その頂点で活躍していた亀井文夫は、『戦ふ兵隊』（一九三九年作品、上映禁止）などの作品が〝反軍的〟だとして拘束された。

記録映画作家の厚木たかは、一九三八年に英国の記録映画作家ポール・ローサの『ドキュメンタリーフィルム』を翻訳した女性だが、厚木もまた当時、映画『或る保母の記録』のシナリオを書いたことで追われる身となった。理由はこうだ。「映画のシーンに『戦時教育』が入っていない。例えば、保育園の前を通る兵隊さんのシーンをつくり、園児たちに『兵隊さん、ありがとう』と言わせるとか」と当局は指示してきた。それを無視した作品をつくったことで狙われたのだった。厚木が描きたかったのは保母と母親たちの子育ての連帯だったが、当局自体が自由な眼を失っていたと言える。

取材環境が厳しいベトナム戦争やアフガニスタン戦争に出かけた時、私は常にこの二人の足跡を肝に銘じてきた。ことに厚木たかは、私が大学在学中から〝心の師〟として仰いできた人である。

権力の座を守るには、秘密主義は手っ取り早い国民への監視力となる。反面、秘密の鍵は国家の頭脳も手足も縛ってゆく。

湯水のごとく予算の使い放題だった陸軍、中でも「お金オンチになっちゃった」と言わしめた陸軍登戸研究所は、一見おだやかな日々の研究生活の裏で、「国体護持」のため、松代大本営を中心とした本土決戦、すなわち細菌戦を準備していたことが濾水筒の存在から推察される。

「沖縄戦のように、本土でも国民を巻きこんだかもしれない」と証言する和田一夫さん。秘密主義の国家が視野狭窄に陥った末の無差別殺りく作戦だったと言えよう。

二〇一三年一月一二日付琉球新報によれば、六〇年代初め、在沖米軍は生物兵器の開発実験として「いもち病菌」を県内の水田に散布していた事実が判明した。生物兵器は米軍にとって研究課題だったが、「登研」の研究、実験データが利用されていたかもしれない。

BGMにムックリ

カメラの前に立って証言して下さった三六名の方々に心から御礼を申し上げたいし、絵図や資料、映像を提供していただいた宮永和子さんはじめ多くの方々にも感謝である。明治大学は生田校舎の撮影や写真資料の協力がいただけたことも、映画完成への道を開く力となった。テンポを付けるBGMというか、効果的な〝音〟を探しつづけ、あきらめかけていた時にムックリと出会った。吸い込まれるような、魅力的な音だった。この口琴はアイヌが恋する者に伝える愛の音色だそうだ。細くて薄い竹とんぼのような竹板に切り込みを入れ、紐を付けて震動と口腔の空気で共鳴音をつくる。その演奏を引き受けてくれたのは、ハルコロ（アイヌ料理店）経営の宇佐照代さんである。東京・八重洲口にある「アイヌ文化交流センター」では、「ムックリをBGMに使った初のドキュメンタリー映画」とお墨付きをいただいた。

最後になったが、本書の目的は映画『陸軍登戸研究所』を観たあと、各シーンを思い出しながら一層理解を深める参考になればと思い、シナリオを基盤に撮影メモを織りまぜて読み物風ノンフィクションにしてみた。シナリオの文字起こしには、長倉徳生カメラマンと映画の配給元であるオリオ商会の鈴木一氏が手伝ってくれた。

予定より大幅に入稿が遅れたが、上映のたびに観客から新情報をもらい、それらを本書に記録しておきたいと思い、原稿の締め切りを延ばしてきた。登研の闇はまだまだ深く、戦争の闇は今の時代につながっている。

二〇一四年三月

楠山忠之

陸軍登戸研究所関係年表（『陸軍登戸研究所の真実』をもとに作成）

■政治・戦争の動き
●「登研」の関係

一九一八（大正七）年	一一月	■第一次世界大戦終結
一九一九（大正八）年	四月	●陸軍科学研究所（「科研」）設立
一九二二（大正一一）年	一一月	●新宿・戸山ヶ原に移転
一九二七（昭和二）年	四月	●「科研」に秘密戦資材室（篠田研究所）開設
一九三一（昭和六）年	九月	■満州事変勃発
一九三三（昭和八）年	三月	■日本国際連盟脱退
		●対ソ戦を仮想した紙気球爆弾の研究着手
一九三五（昭和一〇）年	一〇月	●昭和天皇、「科研」を視察
一九三六（昭和一一）年	一二月	●電波兵器の開発着手（「科研」）
一九三七（昭和一二）年	七月	■盧溝橋事件～日中戦争全面化
	一一月	●参謀本部第八課（謀略課）設置
	一二月～	■南京攻略～南京大虐殺
	一二月	●登戸実験場を開設
一九三八（昭和一三）年	一月	■国家総動員法公布

一九三九（昭和一四）年	一月	●対支経済謀略実施（杉工作）決定
	四月〜八月	●登戸実験場に第一科、第二科、第三科設置
	五月	■ノモンハン事件
		●偵察中の気球が撃墜される
	七月	■国民徴用令公布
	九月	●登戸出張所と改称
		■第二次世界大戦始まる
一九四〇（昭和一五）年		●ドイツからザンメル印刷機購入
	二月	■南京に汪兆銘政権成立
	八月	●中野学校設立
	九月	■日独伊三国同盟成立
		■日本軍北部仏印（ベトナム）に侵攻
	一〇月	■大政翼賛会発足
	一一月	■紀元二六〇〇年記念式典
一九四一（昭和一六）年		●本格的にニセ札製造始める
	六月〜	●南京で七三一部隊と人体実験を行う
	六月	●陸軍技術本部第九研究所と改称
	七月	■日本軍南部仏印に侵攻
	九月	■御前会議で対米英戦決定
	一二月	■アジア太平洋戦争に突入

一九四二（昭和一七）年	一月	●陥落後の香港から印刷機や原版を持ち帰る
	四月	■米Ｂ25が一六機日本に初襲来（ドーリットル空襲）
	六月	■ミッドウェー海戦で敗北
	一〇月	●第九陸軍技術研究所と改称（所長　篠田鐐）
一九四三（昭和一八）年		●東條英機首相・陸相が視察
	二月	■ガダルカナル島から撤退
	四月	●第二科、陸軍技術有功賞を受賞
		●弥心神社、動物慰霊碑建立
	九月	■イタリア無条件降伏
	一〇月	■学徒出陣（明治神宮外苑）
	一一月	●「ふ」号兵器試作完成
一九四四（昭和一九）年		●「登研」所員約一〇〇〇名に達する
	一月	■学徒勤労動員方策発表
	二月～三月	●千葉県の鷲海岸で風船爆弾試験放球
	三月	●全国大劇場一九に対し、一年間閉鎖命令
		■松代大本営工事開始
	六月	■連合軍、ノルマンディ上陸
		■マリアナ海戦で敗北
	七月	■サイパン島玉砕、レイテ沖海戦敗北

一九四四（昭和一九）年	八月	■女子挺身隊勤労令発布
	一〇月	●三笠宮が「登研」を視察
		■神風特別攻撃隊出撃
		■沖縄那覇市、米空軍の空襲で壊滅状態
	一一月	●風船爆弾アメリカ大陸への本格放球（〜一九四五年四月まで）
		■長野、松代大本営突貫工事開始
一九四五（昭和二〇）年	一月	■大本営、本土決戦計画を決定
	三月	■沖縄・地上戦始まる
		■東京大空襲つづく
	四月	●第一科が陸軍技術有功賞受賞
		●この頃から長野、福井、兵庫に分散疎開
	五月	■ドイツ無条件降伏
	六月	■沖縄の日本軍壊滅
	七月	■ポツダム宣言発表（二六日）
	八月	■広島、長崎に原爆投下（六日、九日）
		■ソ連軍対日参戦（八日）
		■ポツダム宣言受諾決定（一四日）
		■日本降伏（一五日）
	一〇月	●米軍、「登研」接収

陸軍中野学校略年表

※陸軍中野学校の卒業生は一期生以降、七年間に二一三一名。

一九三六（昭和一一）年	陸軍軍務局の兵務課が兵務局として独立、防共業務にあたる
	軍事資材部防諜班（ヤマ機関）が設置される
一九三七（昭和一二）年	日本で最初の科学的防諜機関が新宿・牛込の陸軍軍医学校と衛成病院の一角に設置される
一九三八（昭和一三）年	後方勤務養成所開設。一期生二一名が入所、中野学校の前身
	中野の中野電信跡地に養成所移転
一九三九（昭和一四）年	中野学校第一期生卒業（八月）。
	支那派遣軍総司令部が南京に設置される（九月）。
一九四〇（昭和一五）年	北島卓美が中野学校初代校長に就任
	陸軍中野学校制定。正式に陸軍中野学校となる（八月）

一九四一（昭和一六）年	南機関（ビルマ工作）、藤原機関＝F機関（インド工作）各発足
	中野学校、参謀本部直轄となる
一九四二（昭和一七）年	蘭領インドネシアに対する謀略放送開始
	岩畔機関（インド工作を引き継ぐ）発足
一九四三（昭和一八）年	光機関（インド工作を引き継ぐ）発足
一九四四（昭和一九）年	南方軍遊撃隊司令部再編成
	中野学校二俣分校開設（静岡県磐田郡二俣町・現天竜市二俣町）（八月）、遊撃隊幹部要員教育開始。
一九四五（昭和二〇）年	中野学校群馬県富岡町に疎開
	ゲリラ戦専門の泉部隊が作られる（六月）
	敗戦後、岡町および二俣分校で第四期生解散式

登戸研究所の真実を解明する意義

明治大学文学部教授　山田　朗

陸軍登戸研究所の存在は戦前においては〈極秘〉にされました。当時においても、また今日においてもそこで何が研究され、どのような兵器が開発されていたかを知る人はきわめて少数です。そのように考えてみると登戸研究所とは、実に特殊な機関であり、この研究所が支えていた〈秘密戦〉という分野は、〈戦争の裏側〉〈水面下の戦争〉であって、現在の私たちにとってはほとんど無縁なことがらのように感じられます。大学生に登戸研究所について調べようと促しても、最初は、「そんなことをして何になるのか」「マニアックな知識が得られるだけでは」といった反応が少なくありません。

しかし、歴史というものは、きわめて部分的で特殊な所を見ることで、逆に全体的で本質的な所が見えてくるということがあります。私がこの研究所について調べてみて感じるのは、まさにこうしたことです。登戸研究所と〈秘密戦〉という、部分的で特殊な所を見ていくと、日本がおこなった日中戦争が実際には当初より欧米諸国を相手にした〈水面下の戦争〉をともなっていたという、今までは見えなかった全体像が見えてきました。また、〈秘密戦〉という特殊なところから、戦争においては、どのような国際法が存在し、〈正義〉が叫ばれたとしても、手段を選ばぬことが準備され、実行され、それに関わった人々は通常の倫理観・価値観を喪失していってしまうというきわめて本質的なところが明らかになってきました。

私たちは、戦争と平和を対極的なものと考えがちです。しかし、登戸研究所と〈秘密戦〉のことを知ると、戦争と平和はかけ離れたものではなく、表裏一体・背中合わせのものであることに気付きます。戦争の真っ最中に、研究施設であった登戸研究所には、一般社会にはない「自由」な空気があり、そこで働く人々の多くが、そこが「楽しい職場」だと意識していたようです。また、日中両国の間で武力戦が展開されていたその時期に、欧米諸国相手の〈秘密戦〉が水面下では進行していたことは、一見、平和な世界の裏側・水面下では、武力戦とは異なった別の戦争が遂行されていることを示しています。

登戸研究所を調べ、〈秘密戦〉の真実に迫ることで、戦争の本質がはっきりとみえてきます。

明治大学平和教育登戸研究所資料館の案内

〒 214—8571
神奈川県川崎市多摩区東三田１—１—１
TEL/FAX 044-934-7993
e-mail　noborito@mics.meiji.ac.jp
http://www.meiji.ac.jp/noborito/

開館時間

■水曜～土曜　10：00 ～ 16：00

明治大学の夏季・冬季休業期間、７月・１月の定期試験期間及び 12 月～２月の入試実施に伴う入構制限期間等は、大学の事情により閉館することがあります。

事前団体予約がある場合のみ、日曜日に開館することがありますので、開館スケジュールについてはお問い合わせください。

アクセス

■徒歩の場合　小田急線「生田駅」南口から徒歩約 15 分。

■バスの場合　小田急線「向ヶ丘遊園駅」北口から小田急線バス「明大正門前」行き終点で下車。

外来者用の駐車場がないため、お車でのご来館はお控えください。

楠山忠之（くすやま・ただゆき）

映像ジャーナリスト。

1939 年東京生まれ。上智大学文学部卒業後、報知新聞社写真部を経て、69 年にフリーとして独立。

沖縄復帰およびベトナム戦争最後の「サイゴン解放」を「現場」から報道。国内およびアジアに視点を据えて、「写真と文」あるいは映画製作で現地の声を伝えてきた。

主な著書に、小社から『読むドキュメンタリー映画 2001 ～ 2009』、ほかに『おばあちゃん　泣いて笑ってシャッターをきる』（ポプラ社）、『日本のいちばん南にあるぜいたく』（情報センター出版局）、『結局、アメリカの患部ばっかり撮っていた』（三五館）など多数。

記録映画としては、『メコンに銃声が消える日』、『三里塚――この大地に生きる』、『アフガニスタン戦争被害調査』などがある。

『陸軍登戸研究所』を撮る

2014 年 5 月 19 日　初版発行

著　者　楠山忠之

発行所　株式会社風塵社

〒 113 - 0033　東京都文京区本郷 3 - 22 - 10
TEL 03 - 3812 - 4645　FAX 03 - 3812 - 4680

印刷：吉原印刷株式会社／製本：株式会社越後堂製本
装丁：閏月社
